测绘技能竞赛指南

Guide for Surveying and Mapping
Skill Competition

翟翊 主编

测绘出版社

·北京·

ⓒ 翟翊 2019

所有权利(含信息网络传播权)保留,未经许可,不得以任何方式使用。

内容简介

全书共分九章。第一章介绍了全国测绘技能竞赛的基本情况,竞赛的项目和设备,竞赛的组织措施和竞赛的一般规则;第二章至第七章分别介绍了工程施工放样竞赛、水准测量竞赛、导线测量竞赛、数字测图竞赛、程序设计竞赛和无人机摄影测量竞赛。考虑到测绘技能竞赛的特殊性,本书在各项竞赛的章节都介绍了竞赛细则、竞赛成果的精度检查与成绩评定办法等,介绍了竞赛的难点、可能出现的问题及解决办法。第八章,总结了近几届测绘技能竞赛的收获和经验,提出了测绘技能竞赛准备工作应注意的问题。第九章为在历届全国测绘技能大赛中取得较好成绩的院校的指导教师就如何训练学生所做的经验介绍。

本书可作为测绘技能竞赛组织和实施的指导书,在组织竞赛、选定场地、制定竞赛细则时参考,也可供参加测绘技能竞赛的指导教师和参赛者参考。

图书在版编目(CIP)数据

测绘技能竞赛指南/翟翊主编. —2版. —北京:测绘出版社,2019.5
ISBN 978-7-5030-4229-4

Ⅰ.①测… Ⅱ.①翟… Ⅲ.①测绘—竞赛—指南 Ⅳ.①P2-62

中国版本图书馆 CIP 数据核字(2019)第 078602 号

责任编辑	李 伟	执行编辑	侯杨杨	责任校对	赵 瑷
出版发行	测绘出版社			电 话	010—83543965(发行部)
地 址	北京市西城区三里河路 50 号				010—68531609(门市部)
邮政编码	100045				010—68531363(编辑部)
电子信箱	smp@sinomaps.com			网 址	www.chinasmp.com
印 刷	北京建筑工业印刷厂			经 销	新华书店
成品规格	184mm×260mm				
印 张	7.75			字 数	186 千字
版 次	2014 年 5 月第 1 版 2019 年 5 月第 2 版			印 次	2019 年 5 月第 2 次印刷
印 数	0001—1200			定 价	30.00 元
书 号	ISBN 978-7-5030-4229-4				

本书如有印装质量问题,请与我社联系调换。

编委会名单

编委会成员： 翟　翊　　程效军　　邹自力

　　　　　　　焦明连　　邹进贵　　宋伟东

　　　　　　　王同合　　李英冰　　夏广岭

　　　　　　　陈　琳　　龚有亮　　花向红

　　　　　　　朱曙光

序

  实践教学是测绘工程专业的重要组成部分,是培养学生动手能力和解决实际问题能力最有效的途径。举办测绘技能竞赛,对于调动学生努力实践、勇于实践的热情和积极性,提高学生实践操作能力,都具有十分重要的意义。早在2009年,教育部高等学校测绘学科教学指导委员会和中国测绘学会测绘教育委员会就举行了全国首届测绘工程专业本科大学生参加的测绘技能竞赛。2010年,教育部高职院校测绘类专业教学指导委员会也举办了全国首届高职院校大学生测绘技能竞赛,这两次比赛虽然参赛学校不多,但收到了很好的效果,从此,测绘专业大学生的技能竞赛在全国各省(自治区、直辖市)拉开了帷幕。从2012年起,测绘技能竞赛被列入教育部职业技能大赛,称为"全国职业院校职业技能大赛测绘赛项",该项目的竞赛,到2018年已连续举行了七届,参加的学校从最初的50所左右增加到80多所。本科大学生测绘技能竞赛每两年举办一次,迄今为止已经举行了五届,2018年8月在东北大学举行的第五届竞赛,参赛学校达到了空前的112所。近年来,全国一些省级测绘学会也举办了本地域各高校大学生参加的测绘技能竞赛。北京市、天津市和河北省还联合举办了两届京津冀大学生测绘技能竞赛,而且规定每两年举办一次。实践证明,测绘技能竞赛对于加强实践教学、提高实践教学质量起到了很重要的作用。而要使测绘技能竞赛取得理想的效果,达到预期的目的,则必须对竞赛进行精心的组织、周密的实施和公正的评判。本书的撰写宗旨和主要内容即为此。

  本书第一版的六位作者为解放军战略支援部队信息工程大学翟翊教授、同济大学程效军教授、东华理工大学邹自力教授、淮海工学院焦明连教授、武汉大学邹进贵教授和辽宁工程技术大学宋伟东教授。他们不仅具有很高的学术水平,在自己的教学工作岗位上积累了丰富的测绘实践教学经验,多次组织各自学校测绘工程专业全体学生参加测绘技能竞赛,积累了丰富的组织大赛的经验,而且他们都参与了历届全国的本科大学生测绘技能竞赛和高职院校测绘类专业大学生测绘技能大赛的规则制定、组织实施和裁判评分的全过程,从竞赛实践中积累了丰富的竞赛经验,了解测绘技能竞赛的特点和难点,熟知竞赛组织、实施的流程及竞赛组织的要点和难点,以及解决难题的措施和办法。他们通过总结大赛的经验,四年前编写并出版了《测绘技能竞赛指南》第一版。现在原书基础上修编,增加了无人机摄影测量竞赛和测量程序设计竞赛的内容,由编委会成员共同完成了本书。

  本书较好地处理了竞赛与实践教学的关系,总结了测绘技能竞赛中的组织实施、公平竞赛和公平评审的经验,以及竞赛可能遇到的种种问题及其解决措施。特别是测绘技能竞赛是一种野外进行的竞赛,受使用仪器、竞赛场地、地形条件等诸多因素的影响,如何做到公平竞赛和公平评审,从场地的设置、竞赛的抽签到成果评审前的加密措施等,都是本书重点阐述的内容。

本书第一版出版已经四年了，在此期间，国内外测绘工程技术有了长足的进步，我国测绘工程专业的教学改革也发生了巨大的变化。为适应这种新形势的变化，本书作者在第一版的基础上对全书内容做了更好的完善和修改，形成现在这本《测绘技能竞赛指南》的修订版。修订版的内容更加丰富，结构更加合理，并保持着第一版中文笔流畅、通俗易懂的特点，是一本很好的测绘技能竞赛的指导书，不仅可作为竞赛组织的技术参考书，也可作为各院校测绘工程专业常态化实践教学的学习参考书。

宁津生

中国工程院院士
武汉大学教授
2018 年 12 月

前　言

测绘工程专业作为国民经济建设、工程建设的基础性专业，为国民经济、社会发展，以及国家各个部门提供地理信息保障，并为各项工程的顺利实施提供技术、信息和决策支持。测绘工程专业的实践教学是整个测绘工程专业的重要组成部分，是贯彻理论联系实际的原则和进行工程师基本技能训练不可缺少的教学环节，是学生获得测绘的感性认识、培养其动手能力和解决实际问题能力最有效的方法，对提高测绘工程专业的教学质量起着至关重要的作用。开展大学生测绘技能竞赛，对于提升大学生测绘技能训练水平，培养学生的实践能力、团队协作意识、认真细致的良好业务作风和吃苦耐劳的优秀品质，调动大学生努力实践、勇于实践的积极性，提高测绘工程专业的教育质量等，都具有十分重要的意义。

早在2009年，教育部高等学校测绘学科教学指导委员会和中国测绘学会教育工作委员会联合举办全国本科大学生的测绘技能竞赛，从2012年起每两年举行一次，迄今为止已举办过五届，特别是2018年举行的第五届全国高校本科大学生的测绘技能大赛，参加的学校有112所，几乎包含了所有开设测绘工程专业的学校。全国测绘地理信息职业教育教学指导委员会曾经于2010年举办了全国首届高职大学生测绘技能竞赛，这项赛事从2012年起经教育部批准成为"全国职业院校技能大赛"的赛项之一，每年举行一次，参加的院校有来自全国31个省、自治区、直辖市的80多所高职院校，这项赛事的举办为全国高等院校测绘工程专业的技能大赛起到了良好的示范作用。但是，由于测绘技能大赛涉及竞赛项目、场地和仪器设备等多个方面，比其他专业的实践技能竞赛组织更复杂，涉及的问题更多，特别是参赛队伍多的情况下，有效地组织实施、创造公平竞赛环境、公平评定竞赛成绩尤为重要。为了提高测绘技能竞赛的组织水平，使其更好地与测绘工程专业实践教学相结合，笔者四年前编写出版了《测绘技能竞赛指南》一书，四年来，国内外测绘工程技术有了长足的进步，我国测绘工程专业的教学改革也发生了巨大的变化。为适应这种新形势的变化，笔者在第一版的基础上对全书内容做了更好的完善和修改，增加了无人机摄影测量竞赛和测量程序设计竞赛的内容，形成现在这本《测绘技能竞赛指南》的修订版。

本书由解放军战略支援部队信息工程大学翟翊教授、同济大学程效军教授、东华理工大学邹自力教授、淮海工学院焦明连教授、武汉大学邹进贵教授和李英冰博士、辽宁工程技术大学宋伟东教授共同编写。翟翊任主编并统稿，并编写第一、四和第八章，邹自力编写第二章，焦明连编写第三章，程效军编写第五章，邹进贵编写第六章，李英冰博士参与测量程序设计的题目设计，宋伟东编写第七章。

为了对参加测绘技能竞赛的训练与准备有所帮助,我们特意请多年指导学生参加国赛并取得优异成绩的解放军战略支援部队信息工程大学王同合教授和龚有亮副教授、武汉大学测绘学院花向红教授和李英冰博士、黄河水利职业技术学院的朱曙光副教授和陈琳教授、北京工业职业技术学院夏广岭副教授专门为本书编写训练经验介绍。

在本书编写过程中,广州天宇光电仪器有限公司的秦晗、广东科力达仪器有限公司的宋佳和张仕卿对本书的编写提供了资料和技术支持,在此表示感谢。

虽然我们力求反映测绘技能竞赛的方方面面,但由于测绘技能竞赛开展的广泛性、普遍性还不够,再加上笔者参加的测绘技能竞赛有限,特别是参加省赛不多,书中可能存在不当之处,欢迎读者批评指正。

目　录

第一章　测绘技能竞赛概述 1
　§1-1　概　况 1
　§1-2　竞赛项目及设备 2
　§1-3　竞赛的组织措施 4
　§1-4　竞赛总则 10

第二章　工程施工放样竞赛 12
　§2-1　竞赛场地 12
　§2-2　竞赛组织 14
　§2-3　竞赛技术细则 15
　§2-4　竞赛成果质量与成绩评定 17
　§2-5　放样要素的计算实例 19

第三章　水准测量竞赛 22
　§3-1　竞赛准备 22
　§3-2　竞赛组织 23
　§3-3　竞赛技术细则 24
　§3-4　竞赛成果质量与成绩评定 27

第四章　导线测量竞赛 30
　§4-1　竞赛准备 30
　§4-2　竞赛组织 31
　§4-3　竞赛技术细则 32
　§4-4　竞赛成果质量与成绩评定 34
　§4-5　闭合导线的观测与计算 36

第五章　数字测图竞赛 38
　§5-1　竞赛准备 38
　§5-2　竞赛组织 39
　§5-3　竞赛技术细则 39
　§5-4　竞赛成果质量与成绩评定 40
　§5-5　数字测图的关键技术 43
　§5-6　数字测图软件简介 62

第六章 测量程序设计竞赛 …… 73
- §6-1 测量程序设计竞赛说明 …… 73
- §6-2 样题:坐标转换 …… 76
- §6-3 样题:附合水准路线平差计算 …… 82

第七章 无人机摄影测量竞赛 …… 89
- §7-1 概 述 …… 89
- §7-2 竞赛的仪器设备及场地 …… 89
- §7-3 竞赛的组织与实施 …… 90
- §7-4 竞赛成果质量与成绩评定 …… 92

第八章 测绘技能竞赛的经验与思考 …… 98
- §8-1 测绘技能竞赛的收获 …… 98
- §8-2 测绘技能竞赛反映的问题和不足 …… 99

第九章 参加测绘技能竞赛的训练经验介绍 …… 103
- §9-1 以赛促教,以赛促学,提高测绘学科实践教学水平
  ——解放军战略支援部队信息工程大学竞赛经验 …… 103
- §9-2 优异成绩源于积极备战
  ——武汉大学测绘学院参赛经验 …… 107
- §9-3 以赛促练,提升学生实践能力
  ——黄河水利职业技术学院参赛经验 …… 110
- §9-4 注重积累,促进改革,全面提升学生实践能力
  ——北京工业职业技术学院竞赛经验 …… 112

第一章　测绘技能竞赛概述

测绘工程是实践性很强的专业,实践教学是测绘工程专业的重要组成部分。举办大学生测绘技能竞赛,对于提升大学生测绘技能训练水平,培养学生的实践能力、团队协作意识,以及不怕苦、不怕累和耐心的优秀品质,养成认真细致的良好业务作风,提高我国测绘工程专业实践教学质量,具有重要的意义。

§1-1　概　况

早在2007年,辽宁省就开展了由辽宁省教育厅主办、辽宁省测绘学会和辽宁工程技术大学联合承办的"辽宁省大学生'测绘之星'技能大赛",2008年江苏省测绘学会组织开展了江苏高校测绘技能及软件设计创新大赛,这些赛事为全国举行测绘技能竞赛积累了经验。

全国性的大学生测绘技能竞赛,是由教育部高等学校测绘类专业教学指导委员会、中国测绘学会教育工作委员会和自然资源部职业技能鉴定指导中心(2018年部委改革前是原国家测绘地理信息局直属事业单位)联合发起主办的,从2009年到2018年为止共举办了五届。2009年举行的首届大赛由河南理工大学承办,全国具有测绘学科硕士点的32所大学组队参加了竞赛;2012年举行的第二届大赛由北京建筑大学承办,全国50所大学的50支代表队参加了竞赛;2014年举行的第三届大赛由河南城建学院承办,全国75所大学的76支代表队参加了比赛;2016年举行的第四届大赛由内蒙古农业大学承办,98所大学的99支代表队参加了比赛;2018年规模空前的第五届大赛在东北大学举行,112所大学的113支代表队参赛。这五届竞赛是全国举行过的最大规模的本科大学生测绘技能竞赛,也是中国测绘史上规模最大、竞赛项目最多的竞赛,不仅开创了大学生测绘技能竞赛的先河,也为全国各地举行各类测绘技能竞赛树立了很好的样板。

自2009年开始,测绘类技能大赛在全国高校陆续开展。教育部高职高专测绘类专业教学指导委员会于2010年举办了首届"全国高职高专大学生测绘技能大赛",来自全国39所高职院校的39支代表队参加了竞赛。这次竞赛开创了高职高专院校大学生测绘技能竞赛的历史,也为2012年申请教育部高职测绘技能竞赛打下了良好的基础。

教育部组织"全国职业院校技能大赛"的测绘赛项是从2012年开始,每年举行一次,到2018年为止,已经举办了七届:第一、二届竞赛在河南工业职业技术学院举行,第三、四、五届竞赛在黄河水利职业技术学院举行,第六、七届竞赛在昆明冶金高等专科学校举行。参赛学校数量,前四届为55~60所,从第五届开始,参赛学校在80所左右,第六届82所,第七届83所。

因为大赛是教育部"全国职业院校技能大赛办公室"(以下简称"大赛办")主办,参赛队伍的名额是由大赛办分配的,各省教育厅按照大赛办分配的名额组织全省的选拔赛,所以大赛又叫作决赛。全称为"全国职业院校技能大赛测绘赛项"。

全国开展高校大学生测绘技能竞赛的省份,有北京市、辽宁省、江苏省、河南省、江西省、四川省和山东省等。这些竞赛活动大多是由各地的测绘学会组织,竞赛的周期和参赛的队伍都不尽相同,但活动很受大学生喜爱。北京市、天津市和河北省三地联合的"京津冀大学生测绘技能竞赛"每年一届,到 2018 年已经举行了两届,竞赛分测绘工程专业和非测绘专业,竞赛规模较大,具有很强的影响力。

事实证明:测绘技能竞赛,对测绘类专业的教学起到了很好引领作用。许多从学校走上教学岗位、缺乏实践操作能力的青年教师通过指导学生参加测绘技能竞赛,提高了自己的实践教学能力。更重要的是,测绘技能竞赛调动了学生努力实践、勇于实践的积极性。一些院校在参加全国或者省级的竞赛之前,都在校内进行相关专业全体学生参加的选拔赛,为了争取参加全国或省级竞赛赛,学生们刻苦练习,努力实践,进行了大量的艰苦训练。正是通过这样的赛前准备,培养了学生努力实践的热情,不仅极大地提高了学生们实践操作的能力,真正达到了"以赛促学、以赛促练、以赛促训"的目的,还提高了学生之间团结协作的团队意识和不怕苦、不怕累的优秀品质。

因此,测绘技能竞赛对于加强测绘工程专业的实践教学、提高测绘工程专业的教学质量,具有十分重要的意义。

§1-2 竞赛项目及设备

一、竞赛项目

教育部组织的"全国职业院校技能大赛"首届测绘赛项是:二等水准测量、1∶500 数字测图和计算器编程。第二届的赛项是:二等水准测量、一级导线测量和 1∶500 数字测图。第三届的赛项是:工程施工放样、二等水准测量和 1∶500 数字测图。第四、五届的赛项是:二等水准测量、一级导线测量和 1∶500 数字测图。第六、七届的赛项是:二等水准测量和 1∶500 数字测图。

由教育部高等学校测绘类专业教学指导委员会、中国测绘学会教育工作委员会和自然资源部职业技能鉴定指导中心联合主办的五届"全国高等学校本科大学生测绘技能大赛"的竞赛项目中,2009 年、2012 年和 2014 年举行的三届竞赛项目是:四等水准测量、一级导线测量和 1∶500 数字测图。2016 年举行的第四届竞赛项目是:二等水准测量、一级导线测量、1∶500 数字测图和测量程序设计。2018 年举行的第五届竞赛项目是:二等水准测量、1∶500 数字测图和测量程序设计。

各地举行的测绘技能大赛,竞赛项目大同小异,主要有:四等水准测量、二等水准测量、一级导线测量、工程施工放样、1∶500 数字测图,还有全站仪测点、数据采集建模入库等。这些项目都是由参赛选手团体协作、共同完成的集体项目。

二、竞赛设备

由于竞赛采用的测量方式不同,因此使用的仪器和设备也不同。

(一)工程施工放样

工程施工放样内容很多,常见的项目有:单点放样和道路缓和曲线放样。这是两种难易不同的项目,单点放样相对较简单,而道路缓和曲线放样难在计算工作量较大。工程施工放样使用的仪器可以是全站仪,也可以是全球导航卫星系统(global navigation satellite system,GNSS)接收机。但竞赛多使用全站仪,测角精度为 $5''$ 或更优,测距精度为 $3\,\text{mm}+2\times10^{-6}\cdot D$。

传统的工程施工放样首先要计算放样要素数据。例如,按极坐标法放样,除了放样元素外,还需计算测站至放样点的边长和方位角。目前常用的全站仪都具有直接按坐标放样的功能,对于单点放样,只要将放样点坐标输入全站仪即可直接放样。对于道路缓和曲线放样,先要计算道路曲线的主点和中桩点等元素,然后才能放样,有些先进的全站仪具有放样道路缓和曲线的功能,即只要输入道路缓和曲线的切线点 ZD_1 坐标和 JD_1 坐标、缓和曲线的半径、缓和曲线长、转向角,仪器就可以自动计算缓和曲线主点 ZH、HY、QZ 点的坐标及缓和曲线和圆曲线上指定的中桩点坐标,不需要人工计算。

在工程施工放样竞赛中,特别是缓和曲线放样竞赛中,为了检验参赛选手的计算能力,通常不允许使用全站仪的内存计算功能,要求选手用非可编程计算器计算。

(二)水准测量

水准测量竞赛分四等水准和二等水准两种。四等水准测量竞赛通常采用具有符合水准器的 DS3 光学水准仪、双面刻度的区格式标尺。全国职业技能大赛测绘赛项的七届竞赛和本科大学生第四、五届测绘技能大赛都包括二等水准测量,使用数字水准仪,以及配套的数码标尺、撑杆和尺垫(3 kg 或者 5 kg)。

事实上,二等水准测量不太适合竞赛,因为根据水准测量规范不仅要求往返观测,而且对于观测时间段、仪器与标尺的检验及平差计算都有很严格的要求。再加上竞赛时间短、竞赛队伍多,往返测不好组织、严密平差计算不易在现场完成等因素,竞赛不易严格按照规范要求进行。而采用数字水准仪就更不适合竞赛,因为数字水准仪从观测记录到平差计算等均可自动化,竞赛的技术含量相对较低。如果全部采用数字水准仪的自动化功能,水准测量竞赛就成了"跑步竞赛"。

在已经举行过的七届"全国职业院校技能大赛"高职组测绘技能赛中,竞赛项目之一就是采用数字水准仪的二等水准测量。竞赛组委会从有利于竞赛组织等方面考虑,规定数字水准仪只显示高差读数和距离,采用人工读数和手工计算、单程观测、近似平差计算的方式。由于数字水准仪自动显示高差读数,而且两次高差的读数值相近,比起采用双面标尺加常数起点刻度不同的四等水准测量,观测记录计算更简单,难度相对较低,但裁判监督检查的任务更重。

(三)导线测量

导线测量使用的仪器主要是全站仪,测角精度为 $5''$ 或更优,测距精度为 $3\text{ mm}+2\times10^{-6}\cdot D$。

导线测量通常采用三联脚架法施测,也可以不使用三联脚架法,但必须规定只能使用脚架,而不能使用其他任何对中装置。"全国职业院校技能大赛"工程测量(中职组)赛项中,规定导线测量不得使用三联脚架法,可能是从锻炼学生对中整平的能力方面考虑的,但作业方法有悖于测绘生产的作业,可能会误导选手,使学生误以为生产实践中就是不用三联脚架法。因此,竞赛应当与测绘生产的实践一致为宜。

(四)数字测图

数字测图可以采用全站仪测图,也可以采用 GNSS-RTK 模式测图。全站仪测角精度为 $5''$ 或更优,测距精度为 $3\text{ mm}+2\times10^{-6}\cdot D$。

对于使用全站仪的数字测图,竞赛时须提供测站点、定向点及检查点。采用 GNSS-RTK 模式测图,通常是建立专门的 GNSS 参考基准站,在竞赛时为每个参赛队提供基准站的有关 GNSS 参数,或者提供三个控制点,参赛队使用 GNSS 接收机直接测图。

近年来,数字测图多采用全站仪配合 GNSS-RTK 的测图模式。规定全站仪必须测定一定数量的碎部点。

数字测图软件常见的有清华山维的 EPS 测图软件和南方测绘仪器公司的 CASS 测图软件。前者是 Windows 环境下直接运行的软件,后者则是在 CAD 平台下开发的,必须在 CAD 环境下运行。

数字测图的常用模式有:绘制草图的"测记模式",电子平板和掌上电脑(personal digital assistant,PDA)模式等。从便于竞赛管理方面考虑,"测记模式"较适合,而且"测记模式"也是生产实践中应用最广泛的模式。

(五)测量程序设计

测量程序竞赛是从 2016 年第四届全国高校大学生测绘技能竞赛开始的,竞赛是在已经公布的测量题目中抽签选择一个题,参赛的所有选手做相同的题目,按照统一的标准评定成绩。使用的计算机统一提供,安装统一的软件环境。

(六)无人机摄影测量

无人机摄影测量技能竞赛主要考核参赛选手的无人机操控技能和专业的影像测量数据处理能力,是一种利用航空摄影测量后处理技术,生成 4D 产品成果的创新竞赛模式。到 2018 年为止,全国范围的两次无人机竞赛都是全国测绘地理信息职业教育教学指导委员主办的竞赛。竞赛统一提供设备,所有选手的场地相同。

因为国家对空域统一管理,所有无人机摄影测量首先必须申请航飞的空域,而在有些地区可能很难申请,所以,比赛也可以只进行内业数据处理,不进行无人机飞行获取影像数据的过程。竞赛时,给选手提供无人机航飞获取的摄影测量数据,进行内业数据处理。

§1-3 竞赛的组织措施

由于测绘技能竞赛涉及场地、仪器等多个方面,在参赛队伍多的情况下,有效的组织方式、公平的竞赛环境、公正的竞赛成绩评定尤为重要。

测绘技能竞赛的组织内容包括奖项设置、成绩评定、公平竞争和公正评审的措施,以及竞赛中可能出现的问题处理等多个方面,这些都是竞赛组织成功的重要保证。

一、奖项设置

测绘技能竞赛通常设一、二、三等奖。有些多项赛事的竞赛,还设立团体总成绩一、二、三等奖。设奖比例分别为一等奖 10%、二等奖 20% 和三等奖 30% 或 40%。

二、成绩评定

成绩评定主要是从竞赛用时和成果质量两个方面考虑。成果质量的成绩评定,各种竞赛有具体的标准,主要考虑测量的规范性、竞赛成果的精度和完整性等方面,这将在后文详细阐述。下面主要介绍竞赛用时和成绩评定。

(一)竞赛用时和成绩计算

竞赛用时成绩使用以下公式计算

$$F_i = \left(1 - \frac{T_i - T_1}{T_n - T_1} S\right) Q \tag{1-1}$$

式中,T_1 为所有参赛队中最少的竞赛用时,T_n 为所有参赛队中最多的竞赛用时,T_i 为第 i 组的实际竞赛用时,Q 为竞赛的时间分值,S 为可选的百分比。

由式(1-1)可知:

(1)竞赛用时最少的队,用时成绩为满分 Q;所有参赛队中竞赛用时最多的队,用时成绩为 $F_i=(1-S)Q$,如果要求在规定的时间内完成比赛的参赛队,速度最慢的队伍成绩为及格,取 $S=40\%$,则该队的成绩即为 $60\%Q$。

(2)如果 T_n 与 T_1 相差过大,即竞赛中最快的队伍用时与最慢的队伍用时相差过大时,式(1-1)的括号中分母很大,其结果就使各队竞赛用时成绩相差很小。也就是说,当某个队的竞赛用时太长,就使得竞赛用时的分差过小,不利于竞赛的组织。因此,必须限制竞赛的最大时长。最大时长应当根据竞赛的项目和场地情况设置。例如,总数 24 站(每测段 4~6 站)左右的四等水准测量,包括计算在内不应当超过 90 min。

综上所述,若要求在规定时间内完成比赛的队伍成绩及格,式(1-1)中取 $S=40\%$;同时规定:凡超过最大时长,立即终止该队比赛。这样规定的结果是:竞赛用时最少的队伍得满分 Q,只要在规定的时间内完成竞赛的队伍,竞赛用时成绩为 $60\%Q$,即成绩及格。

(二)竞赛用时成绩比重 Q

式(1-1)中 Q 值就是竞赛用时成绩在总成绩中所占的比重,通常选 30~40。例如,选 $Q=40$,就是竞赛的总成绩为 100 分,竞赛用时成绩为 40 分,成果质量成绩为 60 分。

Q 值的选取,反映对成果质量和竞赛用时的重视程度,可以根据竞赛的难易程度确定。但无论 Q 选多少,对所有参赛队伍来讲却是一样的。

(三)竞赛的最大时长

竞赛的最大时长应根据场地情况和总竞赛时间的长短决定,通常对各种竞赛设置的最大时长如下:

(1)二等水准测量和四等水准测量竞赛,包括高程计算,总时长 70~90 min。

(2)一级电磁波测距导线测量竞赛,包括点的坐标计算,总时长 60~90 min。

(3)工程施工放样竞赛,从计算开始到放样出规定的点位,总时长 60~90 min。

(4)数字测图竞赛,包括外业数据采集和内业编辑成图,总时长 160~180 min。

(5)测量程序设计竞赛,从竞赛开始到上交成果,总时长 6 h 左右。

(6)无人机摄影测量竞赛最大时长分两部分,野外 90 min 左右,室内数据处理 300 min 左右。

竞赛用时可以根据竞赛的难易程度增减,但确定总时长的原则是:至少 85% 的队伍能够在规定的时间内完成比赛。

三、公平竞赛的措施

(一)抽签

有多个项目的竞赛,竞赛前应当先组织大组抽签,先对各参赛队进行分组,相同的组别每天进行的竞赛项目相同。在竞赛开始前,先抽签决定竞赛出场顺序,然后抽签决定路线上起点、各待定点和闭点的点位,再根据抽签得到的点位确定参赛路线;对数字测图竞赛,依次抽签决定测站点和定向点、绘图用计算机编号等;对程序设计竞赛,依次抽签竞赛使用的计算机编号和程序设计题目。

竞赛前的抽签,是创造公平竞争环境的起点。

(二)竞赛场地和组织措施

1. 工程施工放样

因为参赛队伍较多,必须设计与参赛队伍数量相同的放样试题供各参赛队抽签,而且每个参赛队的放样数据都不一样,要对控制点数据进行旋转处理,使不同时段不同参赛队使用的相同控制点、定向点和检查点的坐标不同,保证计算数据不被抄袭。

参赛队放样求出的地面点,要选手自己检查。具体做法是:放样用测站点、定向点和检查点提供不同坐标系的两套坐标,一套坐标用于测设放样,另一套坐标用于放样点检查测量。

2. 水准测量

为防止某些队伍事先进入场地在竞赛路线上做好设置仪器和竖立标尺(使前、后视距离相等)的记号,采用参赛队的竞赛路线由抽签得到的起、闭点和待定点组合而成的办法,而且在准备场地时就考虑使多条路线的每组点(起、闭点和待定点)之间的纵向(水准路线方向)距离均在 3 m 以上,不同组合的路线各测段的距离不同,竞赛时都必须调整前后视距离。这种办法可以防止事先在场地上量距做记号,是保证水准测量公平竞争的有效措施。

3. 数字测图

为了防止作弊,应对控制点进行旋转处理,使不同时段不同参赛队使用的相同控制点的坐标不同,这种办法有效地防止了可能出现的舞弊现象,保证了数字测图的公平竞争。

4. 测量程序设计

测量程序设计竞赛的抽签包括机位抽签和题目抽签,机位抽签是抽竞赛选手使用的计算机位置,题目抽签是在现场随机指定某位选手抽出竞赛使用的题目。

5. 无人机摄影测量

无人机摄影测量竞赛的抽签主要是抽各竞赛队的出场顺序。

(三)竞赛工具

竞赛工具由竞赛委员会统一提供,主要有:数字测图编图用计算机(装有测图软件)、水准测量和导线测量用的计算器、观测手簿、计算用表、数字测图草图纸,以及铅笔、橡皮、三角板和草稿纸等。观测手簿、计算用表和数字测图草图纸在竞赛前现场发放。测量程序竞赛需要提供安装相同软件环境的计算机。无人机摄影测量竞赛需要统一提供航飞无人机和内业数据处理用的计算机。

为防止参赛队在竞赛前绘好竞赛场地的草图,事前用编程计算器编制水准测量高程误差配赋和导线平差计算的程序等,应当统一提供数字测图的草图纸和计算器。竞赛时要求参赛队的草图必须绘在统一提供的草图纸上,不得使用非竞赛委员会提供的观测手簿、计算表格和计算器等。

数字测图、测量程序设计和无人机摄影测量使用的计算机和软件是竞赛的重要工具,如果允许各队自带计算机及软件,则为作弊提供了条件,因此,竞赛组织者必须统一提供安装软件环境相同的计算机,并在竞赛前公告竞赛用软件及计算机的操作系统。

四、公平评审的措施

(一)裁判队伍

裁判员的选择对于公平评审是十分重要的。首先,应尽可能邀请与参赛队没有直接关系的专家担任裁判；其次，选择责任心强的专业人员做裁判员；最后，裁判员应当具有中级以上职称且有一定的测绘实践经验。

从2015年开始，全国职业院校职业技能大赛办公室对于裁判员进行统一管理，先由各地教育部门和各专业行业指导委员会推荐裁判员，对推荐的裁判员进行注册登记，教育部按照大于200%的数量建立各赛项候选裁判员数据库，开赛前请北京市公证处在数据库中按照需求抽签确定裁判员，开赛前10天通知选定的裁判员，如果某裁判员因故不能参赛，则再次抽签。

裁判员确定之后，裁判长根据赛项的情况对裁判员分工，按照裁判员的业务能力分为加密裁判、现场裁判和评分裁判。

(二)加密措施

为了公平评审，参赛队的成果在评分前应当进行加密处理。要设计专门用于竞赛的观测记录计算手簿，手簿封面填写参赛队信息。图1-1为二等水准测量记录手簿封面。

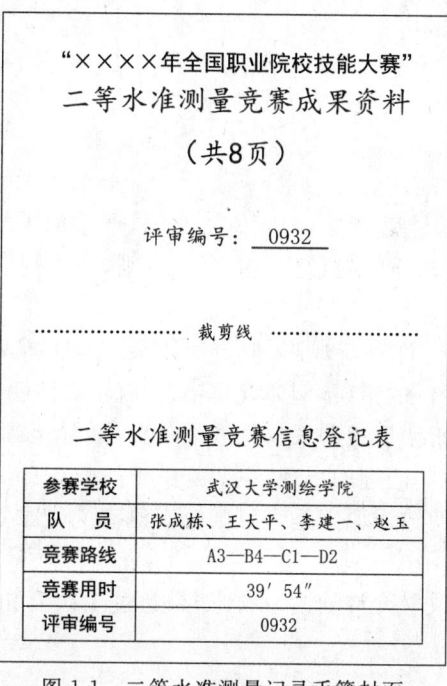

图1-1　二等水准测量记录手簿封面

参赛队只在手簿封面的表格中填写参赛队及抽签点位信息，内部不得填写任何与竞赛无关的信息。参赛队上交成果之后由加密裁判在封面的上下两个表格内编写加密号，然后将填写参赛队信息的下半部分表格剪下留存。裁判员在评分时只能看到加密编号，不知道是哪个参赛队的测量成果，而在成绩评定结束后由加密裁判解密统计成绩。这个方法可以有效地防止可能出现的徇私舞弊现象。

对于导线测量、施工放样及数字测图的草图纸，均可参照二等水准测量的加密形式设计成果封面并进行加密。

数字测图和无人机摄影测量的加密分三部分：一是各参赛队测图前裁判组长对使用的控制点进行旋转处理，使各参赛队在不同时间段使用的相同控制点坐标不同；二是按照二等水准测量类似的形式设计草图纸封面，而且要求参赛队在上交的地形图数据文件上没有任何有关参赛队的信息；三是加密裁判修改各参赛队上交的数据文件名，进行加密编号，然后将数据文件交评分裁判评定成绩,在成绩评定结束后由加密裁判解密统计成绩。

程序设计的加密主要是竞赛成果加密,加密裁判对上交的所有文件进行加密处理,包括程序源代码、可执行文件、计算成果(计算报告、DXF文件等)和开发文档。

竞赛成果加密是十分重要的,可以保证竞赛成果的公平评审。

五、竞赛中可能出现的问题及处理

对于竞赛中可能出现的问题,必须采取有效的处理措施,否则就可能影响竞赛的公平。更重要的是,学生在竞赛中养成的不良习惯,可能会在今后的工作中重犯。因此,必须严格要求。

(一)观测记录

在测绘生产实践中,规定观测记录必须满足:

(1)按测量顺序记录,水准测量手簿不得空栏,导线测量角度不得空页。

(2)手簿不得空页、撕页。

(3)不得转抄成果。

(4)不得涂改、就字改字。

(5)不得连环涂改。

(6)不得用橡皮擦、刀片刮。

在生产实践中,凡是违反上述规定,必须返工重测,严重的可能会受到处罚。测绘技能竞赛应当严格按照生产实践要求,严格执行上述规定,否则,一律按不合格成果处理。

(二)错误成果的处理

竞赛中可能出现错误,允许重新观测,但错误成果应当正规划掉,并注明原因"测错""记错"或者"超限",凡是明确责任的错误,例如计算错误,就不必注明错误原因。

在竞赛中,一些选手对于错误成果很随意地画一条线,甚至画多条线,错误成果划去后注明的原因也是五花八门。这些问题的出现,主要是由于教师在日常教学和实习、实验中要求不够严格,导致学生不知道注明错误原因是为了区分观测者与记录者的责任。这些问题在评定成绩时都应当考虑。

测绘技能竞赛规定,划改只允许划改一次,如果超过1次要扣分。另外,划改或者注明原因不正规都要扣分。

(三)伪造成果

伪造成果是测量生产实践中深恶痛绝、零容忍的事,必须受到严厉惩处。

伪造数据可能有两种情况:一是观测过程中,应该测的数据不测,例如,二等水准测量的前、后视距离不按仪器显示读数,特别是在前、后视距离差超限的情况下,伪造有利于自己的数据,另外,在导线测量过程中,距离角度不是按规定的次数和测回数测量;二是在计算超限的情况下伪造数据,例如,导线测量闭合差超限时修改观测成果的现象。

对于观测过程的造假,裁判要认真负责,确实起到监督检查的作用。还可以发挥志愿者的裁判助理作用,使其配合裁判进行监督检查。

对于计算过程中的造假,大多数情况是可以在观测手簿上发现的。例如,修改了二等水准和导线测量记录手簿可能会造成连环涂改,而且导线测量不允许修改秒值;选手可能抱有侥幸心理,以为裁判可能不会发现。其实,伪造成果现象是测绘生产中深恶痛绝的现象,更是测绘技能竞赛密切关注的重要内容。近年来,我们在评审成果时,把选手的观测成果输入计算机,计算机算出全部结果后比对，这种方法有力地查处了伪造数据的现象。

凡是在竞赛中伪造成果的，必须严肃处理，将被取消该项竞赛资格，甚至被取消全部竞赛资格。

（四）四等水准测量基辅分划读数差等于零的问题

大家知道，四等水准测量某站甚至几个站的基辅分划（红、黑面）读数差等于零是可能的，但整个竞赛的全部测站基辅分划读数差全都为零（或全部为 1、2 等常数）就不正常。因为红黑面标尺读数是人工估读，标尺也是人工扶立，测量员基辅分划估读的准确度不会完全一样，人工手扶的标尺也不会两面的直立程度完全一致。

竞赛中出现全部测站基辅分划读数差都等于零的（或 1、2 等常数）原因，可能有两种：一是选手观测时只读黑面，记录者加上 4687 或者 4787 后填写在红面读数栏内；二是选手在观测时有意识地记住黑面读数的尾数，读辅助分划读数时只读大数，尾数按基本分划末位数加 7。前者是伪造成果，后者则是凑数。无论伪造还是凑数，严格来讲都是伪造。因此，评定成绩对于每测站基辅分划读数差全部等于零的成果必须归为不合格成果。

造成这个现象的原因在于指导教师对学生指导不到位，平时训练中没有认真看过选手的训练手簿。选手可能认为，红、黑面读数差为零代表精度最高。他们可能不知道测量成果的可信度正是建立在"实事求是"的基础之上的，离散的数据反映了偶然误差的特性。三、四等水准测量标尺辅助分划之所以从复杂的"4687"或者"4787"开始，而不采用两面相同或者从简单一点的数字开始，其目的就是防止两次读数时的凑数现象，因为"4687"或者"4787"再加高差观测值不易凑数。

（五）仪器设备故障

竞赛的仪器，可以是统一提供，也可以自带。通常按照以下办法处理仪器故障：

（1）自带仪器设备出现故障，自己负责，允许参赛队现场更换仪器设备，但如何处理已有测量成果，自己决定，计时不中断。

（2）对于统一提供仪器设备的竞赛，仪器故障由参赛队申报。当参赛队申报仪器设备出现故障时，可能会有两种情况：一是仪器设备确有故障；二是有些参赛队可能对自己的竞赛测量不满意，想借机重新开始。竞赛前应当明确规定：如果参赛队申报仪器设备故障，需请仪器工程师现场检查，若仪器设备确有故障、经裁判员确认后，更换仪器设备或排除故障重测，竞赛重新开始计时；如果经检查仪器设备无故障，竞赛继续，竞赛计时不中断，也就是检查仪器的时间算在竞赛时间中。

（六）竞赛干扰

因为竞赛队伍较多，场地上仪器设备多，各队竞赛时可能会受到干扰甚至侵害。应当明确规定：各队仪器自己负责，仪器受影响时测量必须重新开始。例如，水准测量竞赛时尺垫发生移位；导线测量和数字测图碰翻脚架等。如果是自己原因造成的，自己负责；如果是别人侵害造成重测的，侵害者扣分，受害者重测，但竞赛计时不中断，因为受害者也有看护好自己仪器的责任。

二等水准测量竞赛中，大多是后视标尺选手转站时量距，因为选手拖拉测绳前行，不能控制自己测绳的后部，因此，参赛者必须看护好自己的尺垫，一旦尺垫被别人的测绳拉翻，拉测绳的无过错，不受惩罚。受害者必须退回到本测段的起点重新开始本段测量。

§1-4　竞赛总则

测绘技能竞赛为团体赛,每支参赛队由4名选手(设队长1名)和2~3名指导教师组成,但指导老师的数量不得多于该队参加竞赛的项目数。

所有指导工作都应在竞赛前完成。竞赛过程中,指导教师不得进入赛场,不得在场外以任何方式遥控指导竞赛。

各队参加竞赛的出场顺序、竞赛路线和场地均由竞赛委员会现场组织抽签决定。参赛选手必须携带身份证和参赛证,接受裁判组的随时检查。

赛场在竞赛期间对外开放,允许观众在规定的区域现场参观和体验。

一、竞赛的技术标准

(1)CJJ/T 8—2011《城市测量规范》。

(2)GB/T 12898—2009《国家三、四等水准测量规范》。

(3)GB/T 12897—2006《国家一、二等水准测量规范》。

(4)GB/T 14912—2017《1∶500、1∶1000、1∶2000 外业数字测图规程》。

(5)GB/T 18314—2009《全球定位系统(GPS)测量规范》。

(6)GB/T 20257.1—2017《国家基本比例尺地图图式　第1部分:1∶500、1∶1000、1∶2000 地形图图式》。

(7)竞赛细则。通常,竞赛委员会要根据竞赛的实际情况,设计竞赛细则。竞赛细则要比国家规范更具体,操作性更强,更适合组织竞赛。因此,竞赛委员会一般都会规定:凡竞赛细则与国家标准不一致的内容,以竞赛细则为准。

二、竞赛的总要求

(1)各队按照自己的竞赛出场顺序,在规定的时间内由大赛工作人员指引到现场熟悉竞赛场地,同时做好竞赛的各项准备工作。

(2)裁判组长宣布竞赛开始之前,参赛队的仪器必须装箱,脚架收拢置地。

(3)裁判宣布竞赛开始,同时竞赛计时开始,计时精确到秒。

(4)竞赛过程中,不得携带仪器设备跑步。

(5)竞赛过程中,若仪器发生故障,由参赛队报告现场裁判,仪器工程师到现场检查确认后可以更换仪器并重测;若经工程师检查仪器无故障,检查时间按竞赛时间计。凡在测量过程中未报告仪器故障的,竞赛结束后不能以仪器故障为由要求重测。

(6)竞赛可以重测或者返工,但初测、计算或绘图、返工的总时间不能超过竞赛总时间。重测或者返工时必须4名选手集体到场。

(7)各参赛队在完成竞赛任务后,仪器装箱、脚架收好,上交成果资料,竞赛计时结束。

(8)成果一旦提交就不能再要求修改或者重测。

(9)规定轮换的测量任务必须轮换。

(10)参赛队必须独立完成所有竞赛任务,参赛队员在竞赛过程中不能以任何方式与外界交换信息。

(11)竞赛过程中,选手须严格遵守操作规程,确保人身及设备安全,并接受裁判的监督和警示。由选手造成仪器设备故障或损坏导致无法继续竞赛的,停止该队竞赛,不能重赛,并要求选手赔偿损坏的仪器设备。

(12)参赛者必须尊重裁判,服从裁判。对裁判有意见应逐级反映,不得刁难、攻击裁判。

三、竞赛裁判

竞赛裁判是保证公平竞赛的重要条件,而测绘技能竞赛又是在野外条件下进行的,因此,裁判应选择从事测绘教学和生产的专家担任,职称应当是副教授或者高级工程师以上,还应具备责任心强、认真负责、不徇私情等品质。

裁判的数量根据参赛队数量的不同而不同,通常是每支参赛队有1名裁判在野外现场监督竞赛过程,检查记录野外的违规和错误。另外,每赛项应有3~5名评分裁判,1~2名加密裁判。加密裁判人数根据加密等级来确定,如果是两级加密,则一级加密和二级加密各1人。只有一级加密的,则只需1人。一级加密裁判参与检录,检录时对参赛队进行编号处理,并进行登记。二级加密裁判在现场负责对竞赛成果进行加密。竞赛成果评审结束,一级裁判和二级裁判一起对成果进行解密。评分裁判负责对竞赛成果评分,并在竞赛成绩公布之后负责解答参赛队的疑问。

四、成绩公布

竞赛成绩评定完成,应当对成绩张榜公布,同时评分裁判负责各队的成绩查询。二等水准测量、导线测量等可以拿出竞赛成果让参赛队直接查看扣分情况,不理解的地方由评分裁判负责解释,裁判长也应到场。

值得注意的是,查询成绩应按先后顺序查询,每支队伍最多2人参与查询,查询有异议的可以按要求申诉。

另外,成绩高低排名是各参赛队最关心的事情。除了评分裁判认真细致,尽可能保证不出错之外,张榜公布不能按照成绩高低排名公布,应按照各参赛队序列排名。查询时一旦某参赛队成绩有误需要修改,修改后可能整个排名都会发生变化,名次变化的影响会很大。因此,不按成绩高低排名的方式,出错后影响面会小一些。

五、竞赛的申诉与仲裁

(一)申诉

参赛队对裁判、工作人员的违规及其不当评判,均可向仲裁组提出申诉。

(1)申诉应按照规定的程序和时间由参赛队领队向相应赛项仲裁组递交书面申诉报告。

(2)竞赛委员会仲裁组收到申诉报告后,应尽快处理并通知申诉方,告知申诉处理结果。

(3)申诉人对仲裁结果有异议的,可以向赛区仲裁委员会提出申诉。但不能在现场采取任何过激行为,刁难、攻击工作人员,甚至影响竞赛。

(二)仲裁

竞赛委员会应设仲裁组。仲裁组接受代表队提出的对裁判及其裁决结果有意见的申诉。参赛队对裁判的裁决有疑义,可在规定的时间内向竞赛委员会仲裁组申诉。仲裁组在接到申诉后应尽快组织审议,并及时反馈审议结果。

第二章 工程施工放样竞赛

施工放样是工程施工中的重要环节,是测绘类专业学生必须掌握的核心技能之一,也是交通、建筑、水利和土木等专业学生应掌握的测绘基本技能。

工程施工放样竞赛的项目通常有单点放样和缓和曲线放样。

尽管现在许多全站仪都具备任意点放样及缓和曲线放样的功能,测绘作业人员不需要手工计算,可以直接利用相应功能进行施工放样。但工程施工放样技能竞赛,要求选手掌握施工放样基本原理、手工计算放样元素等基本要领,因此,竞赛要求选手利用全站仪在竞赛场地放样出待定点,不得使用全站仪的放样功能。

选手测得的放样点精度检查方法有两种:第一种方法是安排两个裁判在检查点上设置全站仪专门检查,这种方法虽然有效,但选手可能会抱怨裁判检查测量错误;第二种方法是由选手自己对放样点进行测量,这种方法是要将放样点和测站点、定向点及检查点旋转,给选手提供两套测站点、定向点和检查点的坐标,一套坐标用于放样,另一套坐标用于检查测量。选手放样完成后,用第二套坐标进行测站设置,然后测量自己的放样点,精度评定按照选手的测量值进行。显然,选手自己测量的办法,更实用。因此,本书只讲述选手自己测量放样点的方法。

§2-1 竞赛场地

一、场地设置

竞赛场地的点位设置应考虑多个参赛队同时竞赛时彼此不干扰。因此,竞赛场地的选择一定要开阔、平坦,一般校园广场、篮球场、足球场等场地比较适合此项竞赛。

竞赛场地的布设内容有:竞赛的测站点、定向点和定向检查点。因为放样是多组同时进行,要求设置多个测站点,而定向点和检查点可以共用。

竞赛题目设计,首先是要保证设计的点位必须在规定的场地范围,其次是计算出正确的放样元素供评分使用。

竞赛场地的测站点设置要一目了然,地面点位必须有明确的标志;标志中心应具有明显、耐久的中心点;在点位旁边标记明确的点号,还应在点位附近竖立明确的指示标记。共用的定向点和检查点上统一设置脚架及棱镜。

二、放样准备

(一)放样数据准备

1. 放样数据

(1)测站点、定向点及检查点的坐标。

(2)待放样点的坐标。

这些数据应当是两套,第二套坐标是第一套坐标旋转产生的。其次,放样数据准备时要考虑两个方面的因素：
(1)待定放样点离测站点的距离一般应在 40～50 m 为宜。
(2)各组放样点之间的距离应在 3～5 m，以防相互干扰。
2. 放样竞赛样题
1)单点放样
已知测站控制点 A、定向控制点 B 及定向检查点 C 的坐标如表 2-1 所示。

表 2-1　单点放样已知数据

点名	坐标/m	
	X	Y
测站点 A	11 768.714	8 419.242
定向点 B	10 878.302	8 415.114
检查点 C	11 101.949	8 017.572

要求在实地放样待定点 P，P 点的坐标为 $X=11\,721.213, Y=8\,401.467$。放样点检查所用数据如表 2-2 所示。

表 2-2　放样点检查所用已知数据

点名	坐标/m	
	X	Y
测站点 A	11 619.986	8 623.352
定向点 B	10 729.781	8 603.685
检查点 C	10 960.332	8 210.107

要求放样出指定点的位置，并完成以下工作：
(1)在已知点上设站、定向并利用检查点检测，计算放样元素(放样用方位角及平距)。
(2)在测站点安置全站仪，定向，测量检查点坐标，对已知控制点进行检查。
(3)根据给定的放样点坐标及放样元素，用全站仪实地放样，并在地面上做好标记。
(4)利用测站点、定向点和检查点的检查用数据设站、检查，测量出放样点的坐标。
上交成果"工程施工放样成果资料表"，其中包含放样元素计算成果和测得的放样点坐标等。通常，竞赛要求按极坐标放样，要求上交的成果还包括计算的测站点到检查点的边长及方位角。
旋转后放样点的坐标为 $X=11\,572.802, Y=8\,604.751$，选手测得的放样点的坐标与此比较确定放样精度，并评定成绩。
2)缓和曲线放样
缓和曲线的已知数据如表 2-1、表 2-2 所示，放样竞赛的样题如下：

道路缓和曲线放样竞赛试题

某道路曲线 ZD_1、JD_1 的坐标，JD_1 的里程，圆曲线半径，缓和曲线长，转向角值如表 1 所示。请按要求使用非程序型函数计算器计算该道路曲线主点 ZH、HY、QZ 及里程为 K3+640、K3+660 中桩点的坐标，并根据现场抽签决定的测站点、定向点、检查点，按照极坐标法用全站仪进行 K3+640、K3+660 中桩点的放样。

表 1　道路曲线已知数据

点名	X 坐标	Y 坐标	里程	圆曲线半径	缓和曲线长	转向角
ZD_1	54 021.244	47 862.060				
JD_1	54 045.558	48 021.200	K3+670.023	100	20	32°36′49.4″(右)

实施步骤：

(1)计算道路曲线常数、曲线要素、主点里程、主点及若干曲线中桩点坐标。

(2)在测站点安置全站仪,定向,测量方向检查点的坐标,对定向方向进行检核。

(3)根据计算出的中桩点坐标,按照极坐标法用全站仪进行曲线中桩点实地放样,并在地面上做好标记。

(4)根据测站点、定向点和检查点的检查用坐标整置仪器,实测已放样点位坐标,记录在表格里面。

上交成果：

(1)"工程施工放样成果资料表",其中包含曲线常数、曲线要素、主点里程及曲线中桩坐标的计算成果。

(2)检查测量得到的放样点位坐标。

(二)放样的目标点位设置

根据竞赛场地条件的不同,放样的具体目标点位设置不同。例如,土地上可以打木桩,在木桩顶面钉小铁钉;而在坚硬的水泥地面,可以用橡皮膏(胶布)或不干胶等贴在地面上,并用圆珠笔在上面画十字标明放样点位。

三、赛前准备

竞赛委员会应在施工放样位置附近安排计算场所,提供若干桌椅方便选手计算,一般应为每个参赛队至少准备 1 张桌子和若干凳子,同时提供非编程计算器和竞赛专用手簿。

除计算场所之外,还应安排一个供选手熟悉仪器、做赛前准备工作的场地。

四、竞赛注意事项

(1)测站点应在现场抽签决定。但若选手使用不同种类的全站仪,定向点和检查点就不能共用,因为棱镜不同可能会因棱镜常数变化使定向检查有误。

(2)测站点、定向点和检查点的检查用坐标应在选手放样完成后再发放。

§2-2　竞赛组织

一、裁判组

裁判组的组成主要有：裁判长 1 名,加密裁判 1~2 名,现场裁判若干名,内业检查成果裁判 2~3 名。现场裁判的人数应与同时同场竞赛的队伍数一致,即每支参赛队有 1 名裁判全程跟踪竞赛过程。

二、裁判长

裁判长对总裁判长负责,主要工作为:

(1)负责本项竞赛的组织与实施,将裁判分为2组:现场裁判若干人,2~3名内业检查成果裁判。现场裁判人数根据竞赛的规模确定,通常国赛的裁判与竞赛的队数相同,每1名现场裁判管理1队。但一般比赛中也可以只设2~3名现场裁判统一管理各队。

(2)负责各队竞赛出场顺序、测站点和竞赛试题等的抽签。

(3)负责每组竞赛开始的发令。

(4)在现场负责对竞赛节奏的掌控,处理裁判不能处理的现场纠纷及其他问题。

三、现场裁判

现场裁判的主要工作为:

(1)密切注意各队之间的动作,以便在互相干扰、出现纠纷时,正确裁决。

(2)要注意测站的工作,注意是否规范操作。

(3)关注选手的计算,注意发现作弊等违规行为。

(4)违规除按规定扣分外,还应做好记录备查。

四、加密裁判

设置加密裁判的目的是对各队上交的成果进行加密处理,保证评分的公平公正。

一般竞赛采用一级加密,只设对成果进行加密处理的裁判1名。如果是两级加密,设一级加密裁判和二级加密裁判各1名。

加密裁判在成绩评定完成后负责对成果解密。

五、内业检查成果裁判

内业检查成果裁判负责检查计算成果并评定成绩,主要工作为:

(1)对各队上交的成果与标准成果对比,按照成果的正确性评定成绩。

(2)根据各队测出的放样点数据与标准值对比,评定精度成绩。

(3)统计各队的最后成绩。

(4)对无法判决的非常规问题要及时报告,必要时请裁判组集体讨论解决。

§2-3 竞赛技术细则

工程施工放样竞赛开始前,参赛队先按要求抽签决定顺序、测站点和放样试卷,然后到达指定放样区域做好准备工作,按照抽签顺序出场竞赛。

一、计算及放样要求

(1)竞赛采用手工方式进行记录及计算;记录及计算必须使用竞赛委员会统一提供的"工程施工放样成果资料"(即竞赛专用手簿);现场完成计算,不允许使用非竞赛委员会提供的计算器。

(2)参赛队信息只能在手簿封面规定的位置填写,手簿内部不得填写与竞赛数据无关的任何信息。

(3) 4 名队员共同完成计算及放样,队员的工作可以不轮换。

(4) 放样和计算应当是 4 名选手共同进行,不能在计算的同时操作仪器。

(5) 放样过程中,由参赛队在放样点上自行选择设置棱镜方式。例如,可以架设脚架、安放基座棱镜,或者直接在地面上安放棱镜。

(6) 按相应的测量标准观测;气象数据(温度、气压)在竞赛时由竞赛委员会统一提供,参赛队在竞赛前需输入仪器。

(7) 仪器操作应符合要求,使用铅笔记录,计算部分允许使用橡皮擦,但上交成果必须字迹清晰易读、计算表格整洁。

(8) 记录和计算应符合规范要求,角度取位至 0.1″,坐标、曲线要素、里程等计算结果均取位至 0.001 m。

(9) 竞赛开始,选手首先计算放样元素,然后架设全站仪,对中、整平、定向及检核,放样点位并在地面做好标记,完成全部工作后报告裁判,请求检查用测站数据。

(10) 选手利用检查用数据设站,自行检查测量放样点,记录完整,上交成果,仪器装箱,脚架收拢,计时结束。

二、竞赛实施步骤及内容

(一)计算

1. 任意单点放样

要求计算:

(1) 测站点定向方位角和检核方位角。

(2) 测站点至放样点的方位角、平距。

2. 缓和曲线放样

要求计算:

(1) 缓和曲线常数——缓和曲线切线角 β、切垂距 m、内移距 P。

(2) 缓和曲线要素——切线长 T、曲线长 L、外矢距 E_0、切曲差 Q。

(3) 缓和曲线主点——直缓点 ZH、缓圆点 HY、曲中点 QZ、圆缓点 YH、缓直点 HZ。

(4) 指定里程桩号的 2 个中桩点的坐标。

(二)放样

竞赛时给定 1 个测站点,并提供公用的定向点和检查点各 1 个。

放样开始,选手在测站点整置仪器、定向,至少用 1 个检查点检查定向情况,记录检查点实测坐标,然后开始放样指定点。

单点放样竞赛项目中,单点放样结束后,各参赛队利用第二套坐标重新整置仪器、定向,检查定向情况,测量检查点坐标并记录,然后进行放样点坐标测量并记录。

放样完成后,仪器装箱,脚架收拢,放样结束,计时结束。

(三)检查测量

各参赛队利用检查用数据设置测站、定向并检查,然后实测本队放样点坐标。检查测量时,可以在放样点上安置脚架,对中整平安放棱镜;也可以直接在地面上安放小棱镜。因为评定精度以各参赛队自己实测数据为准评定精度。

§2-4　竞赛成果质量与成绩评定

一、放样精度检查

无论是单点放样还是缓和曲线放样,放样点的精度都是按照各组测得的数据与已知值进行比较评定,即评分裁判根据选手自己测得的放样点坐标与已知数据进行比较,判定精度并评分。

二、成绩评定

成果质量结合计算质量和放样精度等因素综合考虑,总分 70 分。具体如下:

(一)取消竞赛资格的情况

出现下列情况之一,取消竞赛资格:
(1)将教材或非竞赛委员会配发的竞赛用具带入竞赛场地。
(2)违规使用电话等通信设备。
(3)故意干扰其他参赛队测量,劝阻无效。
(4)因操作不当导致仪器设备损坏或掉落地面。

(二)观测与记录部分
(1)指导教师及其他非参赛人员入场,扣 2 分。
(2)计算及记录字迹模糊影响识读,1 处扣 1 分,最多扣 4 分。
(3)仪器整置定向后不检查,扣 2 分。
(4)计算表不整洁,非正常污迹,1 处扣 0.5 分,最多扣 2 分。
(5)不配合放样点检查,扣 40 分。

(三)计算成果部分

1. 任意单点放样

(1)下列项目每缺少 1 项或计算错误 1 项,扣 2 分:
——测站点至放样点的方位角。
——测站点至放样点的平距。
(2)放样点检测坐标与标准计算值比较:
——放样点的点位偏差精度不超过 20 mm,得满分。
——放样点的点位偏差精度超过 20 mm,但不超过 50 mm,扣 10 分。
——放样点的点位偏差精度超过 50 mm,扣 15 分。

2. 缓和曲线放样计算

(1)下列项目每缺少 1 项或计算错误 1 项,扣 2 分:
——缓和曲线常数 3 个,即 β、m、P。
——缓和曲线要素 4 个,即 T、L、E_0、Q。
——缓和曲线主点里程,即 ZH、HY、QZ、YH、HZ。
——3 个缓和曲线主点,即 ZH、HY、QZ 坐标(X、Y 各扣 1 分)。
——指定的 2 个中桩点的坐标(X、Y 各扣 1 分)。
(2)放样点检测坐标与标准计算值比较:
——2 个放样点的点位精度均不超过 20 mm,得满分。
——有 1 个放样点的点位精度超过 20 mm,但不超过 50 mm,扣 10 分。

——有 1 个放样点的点位精度超过 50 mm,扣 15 分。

三、评分表

为便于裁判评分,将评分内容分为外业、现场检查和内业计算检查两部分,具体评分细则如表 2-3、表 2-4 及表 2-5 所示。

表 2-3 工程施工放样计算成果及放样过程评分细则

参赛队编号:_____

评测内容	评分标准	扣分值	备注
指导教师及其他非参赛人员入场	违规 1 次扣 2 分		
仪器整置未定向检查	违规扣 2 分		
干扰其他队测量	造成别人必须重测,扣 10 分		
带教材或非竞赛委员会配发的计算用具	违规	取消资格	
干扰其他参赛队测量,裁判劝阻无效	违规	取消资格	
使用电话等通信设备	违规	取消资格	
因操作不当导致仪器设备损坏或掉落地面	违规	取消资格	
扣分总计			

裁　判_____　　　　　　　　　　　　　　年　月　日

表 2-4 单点放样成果检查评分细则

参赛队编号:_____

评测内容	评分标准	扣分	备注
测站点至放样点的方位角	错误扣 2 分		
测站点至放样点的平距	错误扣 2 分		
计算记录规范性(最多 4 分)	字迹模糊影响识读 1 处扣 1 分		
计算表整洁(最多 2 分)	每 1 处污迹扣 0.5 分		
20 mm<放样点偏差≤50 mm	扣 10 分		
放样点偏差>50 mm	扣 15 分		
合计扣分			

裁　判_____　　　　　　　　　　　　　　年　月　日

表 2-5 缓和曲线施工放样成果检查评分细则

参赛队编号:_____

评测内容	违规项	扣分
缓和曲线常数 3 个:β、m、P	每缺少或计算错误 1 项扣 2 分	
缓和曲线要素 4 个:T、L、E_0、Q	每缺少或计算错误 1 项扣 2 分	
缓和曲线主点里程:ZH、HY、QZ、YH、HZ	每缺少或计算错误 1 项扣 2 分	
3 个缓和曲线主点:ZH、HY、QZ	每 1 点错误扣 2 分(X、Y 各扣 1 分)	
指定的 2 个中桩点的坐标	每 1 点错误扣 2 分(X、Y 各扣 1 分)	
计算记录规范性(最多 4 分)	字迹模糊影响识读 1 处扣 1 分	
计算表整洁(最多 2 分)	每 1 处污迹扣 0.5 分	
20 mm<放样点偏差≤50 mm	每 1 点扣 10 分	
放样点偏差>50 mm	每 1 点扣 15 分	
合计扣分		

裁　判_____　　　　　　　　　　　　　　年　月　日

§2-5 放样要素的计算实例

一、竞赛样题

(一)单点放样
单点放样相对比较简单,前文已述,此处不再举例。

(二)缓和曲线放样
如图 2-1 和表 2-6 所示,已知某道路缓和曲线交点 JD_1、JD_2 的坐标,JD_2 的里程,圆曲线半径,缓和曲线长,以及转向角值,请按要求使用非程序型函数计算器计算:

(1)缓和曲线主点 ZH、HY、QZ、YH、HZ 里程。
(2)ZH、HY、QZ 点及里程为 K51+940、K51+960 中桩点的坐标。
(3)根据现场抽签指定的已知测站点、定向点、检查点,使用全站仪进行 K51+940、K51+960 中桩点的放样。

表 2-6 某道路缓和曲线已知数据

点名	X 坐标	Y 坐标	里程	圆曲线半径 R	缓和曲线长 L_S	转向角 α
JD_1	3 819 540.534	191 657.729				
JD_2	3 820 992.901	190 814.190	K52+061.603	2 800 m	320 m	11°18′51.3″(左)

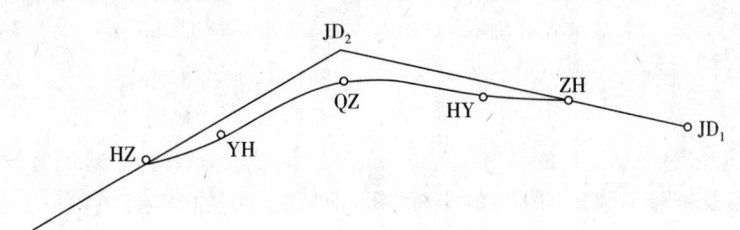

图 2-1 缓和曲线示意图

二、缓和曲线计算步骤

(1)首先根据 JD_1、JD_2 的坐标计算 JD_1、JD_2 的方位角。

$$\alpha_{JD_1-JD_2} = 329°51′06.7″$$

(2)计算缓和曲线常数,即切线角 β、切垂距 m、内移距 P。

$$\beta = \frac{L_S}{2R} \cdot \frac{180}{\pi} = 3°16′26.6″$$

$$m = \frac{L_S}{2} - \frac{L_S^3}{240R^2} = 159.983 \text{ m}$$

$$P = \frac{L_S^2}{24R} - \frac{L_S^4}{2\,688R^3} = 1.524 \text{ m}$$

(3)计算缓和曲线要素,即切线长 T、外矢距 E_0、曲线长 L、切曲差 Q。

$$T = m + (R+P)\tan\frac{\alpha}{2} = 437.495 \text{ m}$$

$$E_0 = (R+P)\sec\frac{\alpha}{2} - R = 15.235 \text{ m}$$

$$L = R(\alpha - 2\beta)\frac{\pi}{180} + 2L_S = R\alpha\frac{\pi}{180} + L_S = 872.919 \text{ m}$$

$$Q = 2T - L = 2.071 \text{ m}$$

(4) 计算缓和曲线主点里程。

$$ZH_{里程} = JD_{2里程} - T = K51 + 624.108$$

$$HY_{里程} = ZH_{里程} + L_S = K51 + 944.108$$

$$QZ_{里程} = HY_{里程} + \left(\frac{L}{2} - L_S\right) = K52 + 060.568$$

$$YH_{里程} = HY_{里程} + L - 2L_S = K52 + 177.027$$

$$HZ_{里程} = YH_{里程} + L_S = K52 + 497.027$$

(5) 计算缓和曲线主点和指定中桩点坐标。

对 ZH 点有

$$\begin{cases} X_{ZH} = X_{JD_2} + T\cos\alpha_{JD_2-ZH} = 3\,820\,614.586 \text{ m} \\ Y_{ZH} = Y_{JD_2} + T\sin\alpha_{JD_2-ZH} = 191\,033.916 \text{ m} \end{cases}$$

式中，$\alpha_{JD_2-ZH} = \alpha_{JD_1-JD_2} - 180 = 149°51'06.7''$。

对 QZ 点有

$$\begin{cases} X_{QZ} = X_{JD_2} + E_0\cos\alpha_{JD_2-QZ} = 3\,820\,983.988 \text{ m} \\ Y_{QZ} = Y_{JD_2} + E_0\sin\alpha_{JD_2-QZ} = 190\,801.834 \text{ m} \end{cases}$$

式中，$\alpha_{JD_2-QZ} = \alpha_{JD_2-JD_1} + 90 - \frac{\alpha}{2} = 234°11'41.0''$。

计算 HY 点及桩号 K51+940 点的坐标（缓和曲线上点的坐标计算）。如图 2-1 所示，从 ZH 点计算，先计算各点在假定坐标系的坐标，其公式为

$$\begin{cases} x_i = l_i - \dfrac{l_i^5}{40R^2L_S^2} \\ y_i = \dfrac{l_i^3}{6RL_S} \end{cases}$$

对 HY 点，$l_i = L_S = 320$ m，对 K51+940 点，$l_i = 315.892$ m，则有

$$\begin{cases} x_{HY} = 319.8955 \text{ m} \\ y_{HY} = 6.0952 \text{ m} \end{cases}, \quad \begin{cases} x_{K51+940} = 315.7940 \text{ m} \\ y_{K51+940} = 5.8635 \text{ m} \end{cases}$$

将上述两点转换至统一坐标系下坐标，其公式为

$$\begin{cases} X_i = X_{ZH} + x_i\cos\alpha_{ZH-JD_2} + y_i\sin\alpha_{ZH-JD_2} \\ Y_i = Y_{ZH} + x_i\sin\alpha_{ZH-JD_2} - y_i\cos\alpha_{ZH-JD_2} \end{cases} \quad (2-1)$$

则 HY 点及桩号 K51+940 点坐标分别为

$$\begin{cases} X_{HY} = 3\,820\,888.148 \text{ m} \\ Y_{HY} = 190\,867.982 \text{ m} \end{cases}, \quad \begin{cases} x_{K51+940} = 3\,820\,884.718 \text{ m} \\ y_{K51+940} = 190\,870.242 \text{ m} \end{cases}$$

计算桩号 K51+960 点的坐标(圆曲线上点的坐标)。先计算独立坐标系下的坐标,其公式为

$$\begin{cases} x_i = R\sin\varphi_i + m \\ y_i = R(1-\cos\varphi_i) + P \end{cases}$$

式中,$\varphi_i = \dfrac{180}{\pi R}(L_i - L_S) + \beta$,$L_i$ 为细部点至 ZH 点的曲线长。则桩号 K51+960 点独立坐标为

$$\begin{cases} x_{K51+960} = 335.759\ 9\ \text{m} \\ y_{K51+960} = 7.046\ 9\ \text{m} \end{cases}$$

通过式(2-1)将独立坐标系下的坐标转换成统一坐标系下的坐标,则桩号 K51+960 点坐标为

$$\begin{cases} X_{K51+960} = 3\ 820\ 901.388\ \text{m} \\ Y_{K51+960} = 190\ 859.191\ \text{m} \end{cases}$$

第三章 水准测量竞赛

水准测量竞赛分四等水准测量和二等水准测量两种。因为四等水准测量是各等级水准测量的基础,所以是目前全国各地开展最普遍的竞赛项目。从 2012 年教育部组织"全国职业院校技能大赛"的测绘赛项,二等水准测量就是其中一项。因此,本章介绍四等水准测量和二等水准测量两种竞赛。

§3-1 竞赛准备

一、路线布设

无论是二等水准测量还是四等水准测量,竞赛通常都是单程测量。因此,竞赛路线可以是闭合路线,也可以是附合路线。但从竞赛组织方面考虑,起点、闭点相同的闭合路线,便于组织管理。因为竞赛的起点、闭点,以及各组结束测量后的计算、上交成果都可以安排在同一位置。

路线总长度应在 2 km 左右,至少分成 4 个测段,保证每个选手观测 1 测段。

根据场地高差的大小,每测段的设站数以 4~6 站为宜。四等水准测量和二等水准测量的规范因要求的视线长度不同,水准路线的总长度也应不同。

因为是多支参赛队同时开赛,所以需要设置多条路线,也即设置多个起点、闭点和多组待定点。为防止参赛队事先进入场地,并在竞赛路线上量距,做好设置仪器、竖立标尺的位置记号等行为,竞赛应当采用抽签点位组合成参赛路线的办法。无论是起点、闭点还是待定点,都由参赛队抽签决定,各参赛队抽签得到的点组成该队的竞赛路线。

因此,场地布设时,要考虑每组点(起点、闭点和待定点)与点之间的纵向距离均应在 3 m 以上,使得不同的相邻点之间组合后的测段距离不同。

不能使每组点的点位排列成一条直线并垂直于水准路线的纵向方向,否则,抽签点位决定竞赛路线就失去了意义。

二、点位设置

竞赛场地的点位要一目了然,地面点位必须有明确的标志;应采用半球顶的点位标志,以便在点上竖立标尺。竞赛时,点位旁边应有明确的点号标记,并在附近竖立明确的指示标记,使参赛者很远就能看到。

三、场地设置

竞赛时应在水准路线结束的位置安排计算场所,提供若干桌椅方便选手计算。一般应为每个参赛队至少准备 1 张桌子和若干凳子。为便于管理,各参赛队的计算位置必须在同一位置。

除计算场所之外,还应安排一个供选手熟悉仪器、做赛前准备工作的场地。二等水准测量竞赛的数字水准仪还应有仪器适应场地温度和预热的过程,因此赛前准备工作场地是必不可少的。

§3-2 竞赛组织

一、裁判组

裁判组的构成主要有：裁判长 1 名、加密裁判 1~2 名、内业检查成果裁判 2~3 名和现场裁判若干名；其中，现场裁判的人数应与同时同场竞赛的队伍数一致，即每支参赛队有 1 名裁判全程跟踪竞赛过程。

由于内业检查成果裁判的评分项目较多，因此，内业更需要水平高、责任心强、认真细致的裁判。

二、裁判长

裁判长对总裁判长负责，主要工作为：

(1)负责本项竞赛的组织与实施。将裁判分为现场裁判和内业检查成果裁判；对现场跟踪裁判分工时，要严格遵守裁判执法的回避制度，不允许其执法本校参赛队。

(2)负责各队竞赛出场顺序、组合路线的点位抽签。

(3)负责每组竞赛开始的发令，对上交的竞赛成果进行保密处理。

(4)在现场负责对竞赛节奏的掌控，处理裁判不能处理的现场纠纷及其他问题。

三、现场裁判

现场跟踪裁判的主要工作为：

(1)密切注意各队之间的动作，以便在互相干扰、出现纠纷时，正确裁决。

(2)要注意测站的工作，注意是否完成全部计算后才迁站。

(3)关注选手的观测及计算，注意违规行为。

(4)做好违规行为的记录。

四、加密裁判

设置加密裁判的目的是对各参赛队上交的成果进行加密处理，保证评定成绩的公平公正。

一般竞赛采用一级加密，只设对成果进行加密处理的裁判 1 名。如果是两级加密，设一级加密裁判和二级加密裁判各 1 名。"全国职业院校技能大赛"测绘赛项是两级加密。

加密裁判在成绩评定完成后负责对成果解密。

五、内业检查成果裁判

内业检查成果裁判负责检查成果并评定成绩，主要工作为：

(1)查看有无严重违纪情况，特别关注使用橡皮擦拭原始记录、原始记录表中改动毫米位或者连环涂改的现象。

(2)应对手簿中各段高差累计和闭合差重新计算，注意发现选手在闭合差超限时修改高差的现象。检查计算的方法请志愿者把观测成果全部输入计算机，利用程序计算，然后与上交成果的计算记录进行比对。

(3)对无法判决的非常规问题要及时报告,必要时请裁判组集体讨论解决。

§3-3 竞赛技术细则

水准测量竞赛要求选手在规定的时间内,测算完成竞赛路线,求出待定点的高程;并规定4名参赛选手必须轮换,每人至少观测1测段、记录1测段;4个选手共同完成计算。

一、水准测量竞赛总则

(一)赛前要求

(1)水准测量竞赛开始前,参赛队首先抽签出场顺序,然后抽签起点、闭点和待定点,这些抽签所得点组合成本队的竞赛路线。由指导教师或者参赛队队长参加抽签。

(2)裁判组应在抽签现场做好抽签结果登记,同时请抽签人在抽签登记表上签字。

(3)抽签结束,各参赛队队长在裁判带领下察看点位和竞赛路线。场地察看结束,各参赛队在赛前准备工作场地待命,按照出场顺序,做好准备工作,等待裁判长发布竞赛开始口令。

(二)竞赛要求

(1)参赛队信息只能在竞赛委员会统一提供的竞赛专用手簿封面规定的位置填写,手簿内部不得填写与竞赛测量数据无关的任何信息。

(2)可以不使用标尺撑杆,但必须使用尺垫;二等水准测量应按照竞赛委员会规定,使用规定的尺垫。

(3)连续测站安置水准仪脚架时,应使其中两个脚与水准路线的方向平行,第三只脚轮换置于前进方向的左侧或者右侧。

(4)除路线转弯处,每个测站上仪器与前、后视标尺应尽量接近于直线。

(5)手簿记录一律使用铅笔填写,记录完整,记录的数字与文字力求清晰、整洁,不得潦草。

(6)因测站观测误差超限,在本站检查发现后可立即变换仪器高重测;若迁站后才发现,应从上一个点(起点、闭点或者待定点)开始重测。

(7)水准路线各测段的测站数必须为偶数。

(8)每测站的记录和计算全部完成后方可迁站。

(9)测量员、记录员、扶尺员必须轮换,每人观测1测段、记录1测段。

(10)现场完成高程误差配赋计算,不允许使用非竞赛委员会提供的计算器。

(11)竞赛结束,参赛队上交成果的同时,应将仪器装箱、脚架收好,方可结束计时。

二、四等水准测量竞赛

参赛队按照竞赛委员会要求和抽签的出场顺序进行竞赛,完成现场抽签得到已知点、待定点组成的水准路线测量,计算出待定点的高程。

四等水准测量竞赛通常采用带有附合水准器的DS3光学水准仪、3 m或2 m的木质双面水准标尺及其配套尺垫。

测量及计算必须遵守以下要求:

(1)观测采用中丝读数法单程观测,视线长度、前后视距差、黑红面(基辅分划)读数差和黑红面(基辅分划)所测高差较差要求如表3-1所示。

表 3-1　四等水准测量基本技术要求

视线长 /m	前后视距差/m	任一测站前后视累积差/m	黑红面读数差 /mm	黑红面所测高差较差/mm	路线闭合差 /mm
≤100	≤3.0	≤10.0	≤3.0	≤5.0	≤20$\sqrt{L}$

注：L 为水准路线长度，取单位为 km 的数值。

(2) 观测时，前、后视距离必须根据上、下丝读数计算，上、下丝读数应记录在竞赛专用手簿中。观测顺序为"后—后—前—前"，"或后—前—前—后"。

(3) 记录必须使用竞赛委员会统一提供的"四等水准测量竞赛成果资料"(即竞赛专用手簿)，格式如表 3-2 所示。

表 3-2　四等水准测量手簿示例

测站编号	后尺 下丝 上丝 后距 视距差 d	前尺 下丝 上丝 前距 ∑d	方向及尺号	标尺读数 黑面	标尺读数 红面	K+黑减红	高差中数	备注
1	1571 1197 37.4 −0.2	0739 0363 37.6 −0.2	后 BM$_1$ 前 后−前	1384 0551 +0833	6171 5239 +0932	0 −1 +1	+0.8325	后视 4787
2	2121 1747 37.4 −0.1	2196 1821 37.5 −0.3	后 前 后−前	1934 2008 −0074	6621 6796 −0175	0 −1 +1	−0.0745	
3	1914 1539 37.5 −0.2	2055 1678 37.7 −0.5	后 前 后−前	1726 1866 −0140	6513 6554 −0041	0 −1 +1	−0.1405	
4	1965 1700 26.5 −0.2	2141 1874 26.7 −0.7	后 前 N_1 后−前	1832 2007 −0175	6519 6793 −0274	0 +1 −1	−0.1745	
5	0565 0127 43.8 +0.2	2792 2356 43.6 −0.5	后 N_1 前 后−前	0356 2574 −2218	5144 7261 −2117	−1 0 +1	−2.2175	

(4) 测量的任何原始记录不得擦去或涂改，错误的成果(仅限于米位、分米位读数)与文字应单线正规划去，在其上方写上正确的数字与文字，并在备注栏中注明"测错"或者"记错"。

(5) 错误成果(误差超限)应当单线正规划去，并在备注栏中注明"超限"，重测的成果须注明"重测"。

(6) 水准路线闭合差应满足表 3-1 的限差规定。

(7) 高程误差配赋计算格式如表 3-3 所示，必须写出闭合差和闭合差允许值。该表可以用橡皮擦，但必须保持整洁，字迹清晰。

三、二等水准测量竞赛

参赛队按照竞赛委员会要求和抽签的出场顺序进行竞赛,完成现场抽签得到已知点、待定点组成的水准路线测量,计算待定点的高程。

在 2012 年和 2018 年教育部组织的"全国职业院校技能大赛"测绘赛项中,二等水准测量竞赛采用数字水准仪、配套的数码标尺及其撑杆、3 kg 尺垫。

表 3-3 高程误差配赋表示例

点名	距离 /m	观测高差 /m	改正数 /m	改正后高差 /m	点之高程 /m	备注
BM_1	\multicolumn{4}{c	}{BM_1—BM_2 四等水准路线}	105.875	
	2534.4	0.664	−0.009	+0.655		
N_1					106.530	
	2606.6	−0.595	−0.010	−0.605		
N_2					105.925	
	2741.1	+2.544	−0.010	+2.534		
N_3					108.459	
	4905.0	−5.546	−0.018	−5.564		
BM_2					102.895	
Σ	12787.1	+0.047	−0.047	0		
\multicolumn{7}{c	}{$W=+0.047$ m　　$W_允 = \pm 20\sqrt{S}$ mm $= \pm 71.5$ mm}

注:S 为水准路线全长,取单位为 km 的数值。

采用数字水准仪测量及计算必须遵守以下要求:

(1)观测使用竞赛委员会规定的仪器设备,3 m 标尺,测站视线长度、前后视距差及其累计、视线高度和数字水准仪的重复测量次数应满足表 3-4 规定。

表 3-4 二等水准测量基本技术要求

视线长度 /m	前后视距差 /m	前后视距累积差 /m	视线高度 /m	两次读数所得高差之差 h/mm	重复测量次数	路线闭合差 /mm
3~50	≤1.5	≤6.0	0.55~2.80	≤0.6	≥2	$\leq 4\sqrt{L}$

注:L 为路线的总长度,取单位为 km 的数值。

(2)水准路线采用单程观测,每测站测 2 次高差。奇数站观测水准尺的顺序为"后—前—前—后";偶数站观测水准尺的顺序为"前—后—后—前"。

(3)相同标尺 2 次读数不设限差,2 次读数所测高差之差应满足表 3-4 规定。

(4)观测前 30 min,应将仪器置于露天阴影下,使仪器与外界温度一致;竞赛前还必须对数字水准仪进行预热测量,预热测量不少于 20 次。

(5)竞赛采用手工记录及计算,必须使用竞赛委员会统一提供的"二等水准测量竞赛成果资料"(即竞赛专用手簿),手簿记录格式如表 3-5 所示。

(6) 测量的任何原始记录不得擦去或涂改,错误的成果与文字应单线正规划去,在其上方写上正确的数字与文字,并在备注栏中注明"测错"或者"记错"。

(7) 错误成果应当单线正规划去,超限、重测的应在备注栏中注明"超限"、"重测"。

(8) 水准路线闭合差应满足表 3-4 的限差要求。

(9) 高程误差配赋计算,高差取位到 0.000 01 m,高程取位到 0.001 m,其他与表 3-3 相同,同时必须写出闭合差和闭合差允许值。高程误差配赋表可以用橡皮擦,但必须保持整洁,字迹清晰。

(10) 竞赛可以不用测绳,也可以自带测绳或其他量距工具,但不得使用电子测距设备。

(11) 竞赛时选手不得跨骑在脚架腿上观测。

(12) 竞赛过程中选手不得携带仪器或标尺跑步。

表 3-5　二等水准测量手簿示例

日期：2012 年 6 月 24 日

测站编号	后距	前距	方向及尺号	标尺读数		两次读数之差	备注
	视距差	累积视距差		第一次读数	第二次读数		
1	31.5	31.6	后 BM_1	153 959	153 958	+1	后视标尺：No.1
			前	139 260	139 260	0	
	−0.1	−0.1	后−前	+14 699	+14 698	+1	
			h	+0.146 98			
2	36.9	37.2	后	137 400	137 401	−1	
			前	114 414	114 414	0	
	−0.3	−0.4	后−前	+22 986	+22 987	−1	
			h	+0.229 86			
3	41.5	41.4	后	113 906	143 906	0	
			前	109 260	139 260	0	
	+0.1	−0.3	后−前	+4 646	+4 646	0	
			h	+0.046 46			
4	46.9	46.5	后	139 401	139 400	+1	
			前 B_1	144 141	144 140	+1	
	+0.4	+0.1	后−前	−4 740	−4 740	0	
			h	−0.047 40			
5	23.4	24.5	后 B_1	142 306	142 305	+1	
			前	137 605	137 606	−1	
	−0.9	−0.8	后−前	+4 701	+4 699	+2	
			h	+0.047 00			

§3-4　竞赛成果质量与成绩评定

水准测量竞赛成绩评定主要从参赛队的作业速度、观测与记录规范与否、计算成果正确与否等方面考虑,采用百分制。其中,作业速度占 30 分,按式(1-1)进行评定。而竞赛成果质量成绩由观测与记录和计算成果的成绩组成,占 70 分,评定方法如下：

一、不合格成果

不合格成果称为二类成果。主要有:观测手簿用橡皮擦、每测段测站数非偶数、测站限差超限、原始记录连环涂改、改动厘米位或者毫米位、水准路线闭合差超限等,凡违反其中一项即为二类成果。

为了保证公平竞赛,凡是手簿内出现与测量数据无关的字体、符号等内容,也应被视为不合格的二类成果。

不合格的二类成果不参加评奖。

二、观测与记录

(1)凡是违反观测轮换、记录轮换规定的,违规1(人)次扣2分。
(2)骑在脚架上观测,违规1次扣1分。
(3)测站重测不变换仪器高,违规1次扣2分。
(4)二等水准测量数字水准仪显示高差,违规1次扣2分。
(5)测站记录计算未完成就迁站,违规1次扣2分。
(6)记录转抄,违规1次扣2分。
(7)手簿缺少计算项或计算错误,1处扣1分。
(8)就字改字或字迹模糊影响识读,1处扣2分。
(9)观测手簿非单线或不用尺子随意划改,1处扣1分。
(10)观测原始记录划改不注明错误原因,1处扣0.5分。
(11)干扰其他参赛队测量,造成必须重测后果的,扣10分。

另外,仪器设备摔倒落地、故意遮挡其他参赛队观测将被直接取消竞赛资格。

三、计算成果部分

(1)平差计算:计算错误,1处扣1分,总分10分,扣完为止。
(2)高程检查:求得的水准点高程与已知值比较的差值,对四等水准测量不得超过±3 cm,对二等水准测量不得超过±5 mm,每超限1个点扣2分。

四、评分表

为便于裁判评定成绩,将成果评分表分为外业现场检查和内业检查两部分,如表3-6、表3-7所示。

表3-6 水准测量成果评分表(外业)

参赛队编号:_____

评测内容	评分标准	扣分值	备注
未进行观测轮换、记录轮换	违规1(人)次扣2分		
测站记录计算未完成就迁站	违规1次扣2分		
记录转抄	违规1次扣2分		
骑在脚架上观测	违规1次扣1分		

续表

评测内容	评分标准	扣分值	备注
观测手簿用橡皮擦	违规	二类	
测站重测未变换仪器高	违规1次扣2分		
仪器(数字水准仪)显示高差	违规1次扣2分		
干扰其他参赛队测量	造成必须重测后果的扣10分		
仪器设备(水准仪及标尺)摔倒落地	违规	取消竞赛资格	
故意遮挡其他参赛队观测	违规	取消竞赛资格	
合计扣分			

裁　判：_____　　　　　　　　　　　　　　　　　　　　　　年　　月　　日

表3-7　四等水准测量成果评分表(内业)

参赛队编号：_____

	评测内容	评分标准	扣分值	备注
观测与记录	每测段测站数	奇数测站	二类	
	测站限差	视线长度、视线高度、前后视距差、红黑面读数差或红黑面所测高差较差超限	二类	
	观测记录	连环涂改或原始记录改动厘米位、毫米位	二类	
	手簿内部	出现与测量数据无关的内容	二类	
	手簿计算项	缺少1处扣1分		
	手簿计算	错误1处扣1分		
	记录规范性	就字改字或字迹模糊影响识读,1处扣2分		
	手簿划改	非单线或不用尺子随意画线,1处扣1分,超过1次的多次划改,每1处扣1分		
	划改后注明原因	不注明错误原因,1处扣0.5分		
内业计算	水准路线闭合差	超限	二类	
	平差计算	错误1处扣1分(最多扣10分)		
	平差计算完成	全部未计算,扣20分; 只计算路线闭合差,扣15分; 其他未完成情况酌情扣分		
	高程检查	与标准值比较差值超限,超限1点扣2分(最多扣6分)		
	计算表整洁	非正常污迹,1处扣0.5分(最多扣3分)		
	合计扣分			

裁　判：_____　　　　　　　　　　　　　　　　　　　　　　年　　月　　日

第四章 导线测量竞赛

随着电磁波测距仪的使用,导线测量已在各种控制测量中得到了广泛的应用,因此,导线测量是测绘工程专业必不可少的技能之一。

导线测量竞赛的等级多为一级导线,布设形式多为附合导线。

§4-1 竞赛准备

一、路线布设

导线测量竞赛的等级多为一级导线,竞赛路线是附合路线或闭合路线。

竞赛路线上设 2~3 个待定点,构成 4 站以上。导线边长 200 m 左右,最好各边大致相等,相邻边的长度比不宜相差过大,特别是相邻边之比不能超过 1∶3。

二、抽 签

竞赛路线布设应注意与竞赛抽签的形式相结合。抽签有两种形式:一是路线抽签;二是点位抽签,抽签得到的点位组合决定竞赛路线。

路线抽签的场地,需要保证每条路线上各相邻点互相通视,抽签时对设计的路线进行编号,各参赛队抽签编号。点位抽签的场地,必须使多条线路的起点、闭点或者待定点均应与相邻的全部点相互通视,保证各参赛队抽签得到的起点、闭点和待定点组成竞赛路线,任意组合路线上相邻点都应当是通视的。

三、点位设置

首先,竞赛场地的点位要一目了然,地面点位必须有明确的标志;标志中心应具有明显、耐久的中心点;在点位旁边标记明确的点号,并在点位附近竖立明确的指示标记。

其次,多条路线上的同组点位相互之间要有一定的间距,且应考虑使多个参赛队同时竞赛时观测互相不干扰。

四、场地设置

竞赛委员会应在导线结束的位置安排计算场所,提供若干桌椅方便选手计算。一般应为每个参赛队至少准备 1 张桌子和若干凳子。

除计算场所之外,还应安排一个供选手熟悉仪器、做赛前准备工作的场地。

§4-2　竞赛组织

一、裁判组

裁判组的构成主要有:裁判长 1 名、加密裁判 1～2 名、内业检查成果裁判 2～3 名和现场裁判若干名;其中,现场裁判的人数应与现场检查的形式对应。

导线测量竞赛裁判的现场检查有两种执法模式:

(1)现场跟踪模式,即每支参赛队有 1 名裁判全程跟踪检查竞赛过程。

(2)现场点位模式,即在每个点(起点、闭点和待定点)上安排 1～2 名裁判,在点上检查各队的竞赛观测。

由于内业检查成果裁判的评分项目较多,因此,应当选业务水平高、责任心强、认真细致的专家做内业检查成果裁判。

二、裁判长

裁判长对总裁判长负责,主要工作为:

(1)负责本项竞赛的组织与实施。将裁判分为现场裁判和内业检查成果裁判;在竞赛开始前分工现场裁判时,要严格执行现场裁判的回避制度,不允许其执法本校参赛队。

(2)负责各队竞赛出场顺序,组织路线和点位的抽签。

(3)负责每组竞赛开始的发令,对上交的竞赛成果进行保密处理。

(4)在现场负责对竞赛节奏的掌控,处理裁判不能处理的现场纠纷及其他问题。

三、现场裁判

现场裁判的主要工作为:

(1)注意参赛队的测量过程,特别是在互相干扰、出现纠纷时,正确裁决。

(2)密切关注测站的工作,注意发现违纪现象,例如记录转抄、未完成全部计算后就迁站等情况。

(3)记录现场出现的违规现象。

四、内业检查成果裁判

内业检查成果裁判在检查成果并评定成绩时,注意发现选手在闭合差超限时修改高差,因此要做到:

(1)查看记录表中有无连环涂改的现象。

(2)要对手簿中各段高差累计和闭合差重新计算,以便发现可能的作弊现象。

(3)裁判对无法判决的非常规问题要及时报告,必要时请裁判组集体讨论解决。

(4)竞赛结束后,全体裁判要对竞赛成果进一步核查。

§4-3　竞赛技术细则

导线测量竞赛开始,参赛选手先按要求施测抽签得到的导线测量路线,然后按照近似平差方法计算点的坐标。其测量及计算要求如下：

(1)观测记录及坐标计算均必须用竞赛委员会统一提供的"导线测量竞赛成果资料"。

(2)路线的起点、闭点及待定点由竞赛委员会事先确定,各组现场抽签确定路线或者起点、闭点及待定点。

(3)每个参赛队只能使用3个脚架,可以不按三联脚架法施测,但所有点位都必须使用脚架,不得采用其他对中装置。

(4)角度观测按方向观测法观测,观测的测回数、同一方向各测回较差、一测回数2C互差等限差、距离测量测回数、读数次数和读数差如表4-1所示。

表4-1　一级导线测量基本技术要求

水平角测量(2″级仪器)			距离测量		
测回数	同一方向 各测回较差/(″)	一测回内 2C较差/(″)	测回数	读数次数	读数差/mm
2	9	13	1	4	5
闭合差					
方位角闭合差/(″)			$\leqslant \pm 10\sqrt{n}$		
导线相对闭合差			$\leqslant 1/14\ 000$		

注：n 为测站数。

(5)各参赛队只在手簿封面规定的位置填写参赛队的有关信息,手簿内部不得填写任何与观测数据无关的信息。

(6)小组成员轮流完成导线的全部观测。测量员、记录员必须轮换,每人至少观测1测站、记录1测站。

(7)应使用铅笔填写,记录完整。

(8)任何原始记录不得擦去或涂改,错误的成果与文字应单线正规划去,在其上方写上正确的数字与文字,并在备注栏中注明"测错"或者"记错"。

(9)手簿中秒值读记错误应重新观测,度、分值读记错误可在现场更正,但同一方向盘左、盘右不得同时更改相关数字,即不得连环涂改。记录格式如表4-2所示。

(10)测站超限可以重测,重测必须变换起始度盘位置。错误成果应当单线正规划去,并注明"超限"。

(11)对坐标计算,角度改正数取位至整秒,坐标增量及其改正数、坐标计算结果均取位至0.001 m,相对闭合差必须化为分子为1的分数。导线近似平差计算格式如表4-3所示。

观测日期: 2015 年 7 月 24 日

表 4-2 导线观测手簿示例

测站: N_2

边长	觇点	读数 盘左 (° ′ ″)	读数 盘右 (° ′ ″)	2C (″)	半测回方向 (° ′ ″)	一测回方向 (° ′ ″)	各测回平均方向 (° ′ ″)	附注
N_2—A_1	N_1	0 00 30	180 00 36	−06	0 00 00	0 00 00	0 00 00	
	A_1	125 08 16	305 08 24	−08	125 07 46	125 07 47	125 07 46	
	N_1	90 00 30	270 00 42	−12	0 00 00	0 00 00		
	A_1	215 08 18	35 08 24	−06	125 07 48	125 07 45		

水平角观测

边长		平距观测值/m	平距中数/m
N_2—A_1	1	356.784	356.785
	2	356.785	
	3	356.785	
	4	356.785	

边长		平距观测值/m	平距中数/m
N_2—N_1	1	287.131	287.132
	2	287.132	
	3	287.132	
	4	287.132	

表 4-3 导线近似平差计算表示例

序号	点名	观测角/ (° ′ ″)	方位角/ (° ′ ″)	边长/ m	v_x/m ΔX_i/m	X_i/m	v_y/m ΔY_i/m	Y_i/m
A	A		182 16 37					
B	B	−03 84 31 13	86 47 47	299.218	+0.004 +16.722	3 854 995.215	+0.004 298.750	38 451 305.920
1	P_1	−04 95 50 07	2 37 50	283.476	+0.004 +283.177	3 854 703.742	+0.004 +13.010	38 451 592.419
2	P_2	−04 88 57 20	271 35 06	299.633	+0.004 +8.288	3 854 986.923	+0.005 −299.518	38 451 605.433
3	A	−03 90 41 34	182 16 37			3 854 687.016		38 451 293.665
4	B							
	C							
	D							
	$\Sigma\beta$	360 00 14		Σ	882.327 +308.187		+12.242	
$K=\dfrac{1}{49\,018}$		$f_\beta=+14''$		$f_x=-0.012$ m		$f_y=-0.013$ m		
$f_{\beta允}=\pm 10\sqrt{4}\,('')=\pm 20''$			导线略图					

§4-4 竞赛成果质量与成绩评定

导线测量竞赛成绩评定主要从参赛队的作业速度、观测与记录规范与否和计算成果正确与否等方面考虑,采用百分制。其中,作业速度占 30 分,按式(1-1)进行评定。而竞赛成果质量成绩由观测与记录及计算成果的成绩组成,占 70 分,评定方法如下。

一、不合格成果

不合格成果称为二类成果。主要有:观测手簿用橡皮擦、测站限差超限、原始记录连环涂改、角度观测记录改动秒值、距离测量记录改动厘米位或者毫米位、方位角闭合差超限、相对闭合差超限等,凡违反其中一项即为二类成果。

为了保证公平竞赛,凡是手簿内出现与测量数据无关的字体、符号等内容,也应被视为不合格的二类成果。

不合格的二类成果不参加评奖。

二、观测与记录

(1)凡是违反观测轮换、记录轮换规定的,违规1(人)次扣2分。
(2)测站重测不变换度盘,违规1次扣2分。
(3)测站记录计算未完成就迁站,违规1次扣2分。
(4)记录转抄,违规1次扣2分。
(5)手簿缺少计算项或计算错误,1处扣1分。
(6)就字改字或字迹模糊影响识读,1处扣2分。
(7)观测手簿非单线或不用尺子随意划改,1处扣1分。超过1次的多次划改,1处扣1分。
(8)手簿不注错误原因,1处扣0.5分。
(9)影响其他参赛队测量,造成必须重测后果的,扣10分。
另外,仪器设备摔倒落地将直接取消竞赛资格。

三、计算成果

(1)平差计算:计算错误,1处扣1分,最多扣10分。
(2)坐标检查:求得的点的坐标与已知值比较,差值超过5 cm为超限,每超限1点扣3分。

四、评分表

为便于裁判评定成绩,将成果评分表分为外业现场检查和内业检查两部分,具体如表4-4、表4-5所示。

表4-4 导线测量成果评分表(外业)

参赛队编号:_____

评测内容	评分标准	扣分值	备注
未进行观测轮换、记录轮换	违规1(人)次扣2分		
记录转抄	违规1次扣2分		
观测手簿用橡皮擦	违规		二类
测站重测未变换度盘	违规1次扣2分		
测站记录计算未完成就迁站	违规1次扣1分		
影响其他参赛队测量	造成必须重测后果的扣10分		
仪器设备(经纬仪及棱镜)摔倒落地	违规		取消竞赛资格
合计扣分			

裁 判:_____ 年 月 日

表 4-5 导线测量成果评分表(内业)

参赛队编号：_____

评测内容		评分标准	扣分值	备注
观测与记录	记录规范性	就字改字或字迹模糊影响识读,1 处扣 2 分		
	角度测量记录	改动秒值或连环涂改	二类	
	测站限差	超限	二类	
	手簿内部	出现与测量数据无关的字体、符号	二类	
	距离测量记录	改动厘米位和毫米位	二类	
	测站重测变换度盘	违规 1 次扣 2 分		
	手簿计算	错误 1 处扣 1 分		
	手簿划改	不用尺子随意画线,1 处扣 1 分(最多扣 3 分),超过 1 次的划改,每 1 处扣 1 分		
	划改后不注原因	不注明错误原因,1 处扣 0.5 分(最多扣 3 分)		
内业计算	闭合差	方位角闭合差超限或相对闭合差超限	二类	
	平差计算	错误 1 处扣 1 分(最多扣 10 分)		
	坐标检查	与标准值相差 5 cm 为超限,每超限 1 点扣 3 分		
	计算表整洁	非正常污迹,1 处扣 0.5 分(最多扣 3 分)		
合计扣分				

裁　判：_____　　　　　　　　　　　　　　　　年　月　日

§4-5 闭合导线的观测与计算

竞赛的导线测量路线可以是附合路线,也可以是闭合路线。但竞赛一般不布设闭合路线,主要是因为闭合导线的检核条件存在不足,特别是起始方位角计算错误或者闭合连接角出现错误时,闭合差不超限,计算者不易发现。

就计算而言,闭合导线和附合导线是完全相同的,微小的不同是方位角闭合差的计算。

一、导线的观测与计算

附合导线的闭合差计算公式为

$$f_\beta = \sum_{i=1}^{n+1} \beta_i + \alpha_{MA} - \alpha_{BN} - 180m \tag{4-1}$$

式中,m 为式(4-1)前 3 项之和除以 180 的整数,A、B 为导线的起闭点,M 为起始连接方向,N 为闭合连接方向。

附合导线与闭合导线的差别是:闭合导线的起闭方位角,即 α_{MA} 与 α_{AM} 互差 180°,方位角闭合差计算公式为

$$f_\beta = \sum_{i=1}^{n+1} \beta_i - 180(m \pm 1) \tag{4-2}$$

若闭合导线的起始方位角 α_{MA} 大于 180°,则式(4-2)括号中取负号,反之则取正号。

闭合导线的观测,也应当与附合导线一样,观测的角度也是以后视方向为起始的角度。

如图 4-1 所示的闭合导线,A、M 为已知点,若按照图中箭头所示方向,应当观测图中的

$\beta_0+\beta_1+\cdots+\beta_i(i=2,3,\cdots,n)$，最后观测以 n 点为起始方向的 $\angle nAM$，然后按式(4-2)计算方位角闭合差。平差计算也是按照 $n+1$ 个角配赋方位角闭合差。

二、闭合导线观测与计算的误区

在现行的一些测量学教材中，闭合导线观测与计算存在一些错误。观测 β_0 及多边形的内角，是按照多边形的内角和来计算闭合差的，即

$$f_\beta=\sum_{i=1}^{n+1}\beta_i-180(n-2) \qquad (4\text{-}3)$$

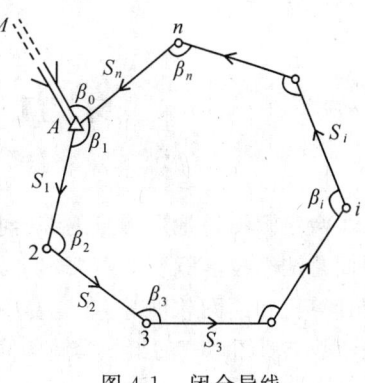

图 4-1 闭合导线

按照多边形的内角配赋闭合差之后，再按照 AM 边的方位角及 β_0 计算起始边的方位角，依次推算各边的方位角。其问题是：在闭合差计算与配赋时，β_0 既不参与闭合差的计算，也不参与闭合差配赋，显然这是不合理的。因为按照平差原理，β_0 参与坐标计算，就必须参与平差。虽然是近似平差，按多边形内角计算并配赋闭合差可能对最后结果影响不大，但计算应当合理，数值的大小不是决定计算方法的理由，因此该做法是错误的。

第五章 数字测图竞赛

数字测图是地形测量的综合技术,对于提高参赛选手测量的综合能力具有很重要的作用,因而是测绘技能竞赛的重要内容之一。由于数字测图竞赛对场地的要求较高,而且还涉及绘图计算机和绘图软件等,在竞赛中出现的问题也与水准测量、导线测量等竞赛不同。本章将在介绍数字测图竞赛的组织实施的同时,还介绍数字测图涉及的一些关键技术,并简介测图软件。

§5-1 竞赛准备

一、场地准备

数字测图竞赛场地要求为方形(正方形或长方形),长、宽均为 200 m 左右,难度适中,场地基本平坦,应包含房屋、道路、河流、植被、路灯、窨井等典型地物,最好有能测绘等高线的土丘。

如果参赛队较多,同一块场地容纳不下,可以考虑设置两块或者多块场地,但为了保证公平竞赛,多块场地测图的难易程度应当一致,至少要保证地物的数量、碎部点的数量,以及通视情况等相近。例如,2012 年"全国职业院校技能大赛"测绘赛项的数字测图竞赛场地,利用学校的广场和办公楼,广场东西方向完全对称,根据广场的中心对称轴将广场分为东区和西区,每个区都包含相同的房屋、道路、花坛、旗杆、路灯、窨井、等高线、高程点等地物,特别是在东区的上方和西区的上方各有一个小土丘,可测绘等高线。

二、测图控制点准备

由于多支参赛队同时开始竞赛,所以需要设置多组已知数据。如采用 GNSS 测图,竞赛委员会应为每个参赛队提供 3 个控制点,由各参赛队利用控制点解算 GNSS 转换参数,然后利用 GNSS 移动站测定控制点后用全站仪测图,或者直接用 GNSS 接收机测图。如采用全站仪测图,竞赛委员会应为每个参赛队提供 1 个测站点、1 个后视定向点和 1 个检查点。

三、点位设置

竞赛场地的测站点设置要一目了然,地面点位必须有明确的标志;标志中心应具有明显、耐久的中心点;在点位旁边标记明确的点号,还应在点位附近竖立明确的指示标记。

共用的定向点和检查点上统一设置脚架及棱镜。

四、编辑成图用计算机准备

内业编辑成图在规定的机房内完成,竞赛使用统一的数字测图软件,如南方 CASS 9.2,竞赛委员会应在编辑成图用计算机中安装好数字测图软件。

赛前应对计算机进行编号,各参赛队使用的计算机由抽签决定。通常,计算机编号与数字测图的测站点编号一致。参赛队在抽签测站点位的同时即确定了编辑成图用计算机。

§5-2 竞赛组织

一、裁判组

裁判组的构成主要有：裁判长 1 名、内业加密裁判 1 名、内业评分裁判 5～6 名、外业裁判若干名；其中，外业裁判的人数与同时同场竞赛的参赛队数一致，保证每支参赛队有 1 名现场裁判监督，全程跟踪竞赛过程。

裁判长要对控制点成果进行处理。

二、裁判长

裁判长对总裁判长负责，主要工作为：

(1)负责本项竞赛的组织与实施。将裁判分为内业加密裁判、内业评分裁判和外业裁判；在竞赛开始前分工现场跟踪裁判时，要严格遵守竞赛执法的回避制度，不允许其执法本校参赛队。

(2)负责各队竞赛控制点、绘图计算机的抽签。

(3)负责每场竞赛开始前对控制点成果旋转的保密处理。

(4)负责每组竞赛开始的发令，对上交的竞赛成果进行保密处理。

(5)在现场负责对竞赛节奏的掌控，处理裁判不能处理的现场纠纷及其他问题。

三、外业裁判

外业裁判的主要工作为：

(1)密切注意各队之间的动作，特别是互相干扰、出现纠纷时，正确裁决。

(2)要注意外业数据采集是否规范，注意违规行为。

(3)关注参赛队的各项工作是否到位。

(4)记录违规现象。

四、内业裁判

各参赛队测好的地形图由内业加密裁判分别进行编号加密，供内业评分裁判评分，内业评分时裁判无法从成果上看出具体的参赛队，因此，内业评分裁判不存在回避问题。

内业评分裁判在检查地形图精度及图上表示时要做到：

(1)查看图上有无重大错误或违规情况。

(2)对测图精度进行评分时，应尽量检查偏差比较大的点位，在检查过程中可适当编制相应的小程序实现半自动评判。

(3)对于地形图的完整性、符号和注记、整饰等图上表示的评分应严格统一标准。

(4)裁判对无法判决的非常规问题要及时报告，必要时请裁判组集体讨论解决。

§5-3 竞赛技术细则

数字测图竞赛要求选手在规定的时间内，完成规定区域的测图任务，测图比例尺一般为

1∶500。数字测图的 4 名选手共同完成数据采集和编辑成图,队员的工作可以不轮换。

一、赛前要求

(1)竞赛抽签。数字测图竞赛开始前,先抽签确定各参赛队的测区及测图用控制点。

(2)察看场地。察看场地是数字测图竞赛很重要的环节,抽签结束后裁判长带领各参赛队队长到现场察看竞赛场地;要指定竞赛的测图范围,确定地物的取舍,特别要明确哪些地物可以不表示。

二、竞赛要求

(1)采用全站仪的数字测图竞赛只能用 2 个脚架和大、小棱镜各 1 个;大棱镜用于支站,小棱镜用于测碎部点,支站必须使用脚架。

(2)碎部点数据采集模式只限用全站仪或者 GNSS 采集数据的"草图法",不得采用"电子平板"或者其他方式。

(3)使用全站仪采集外业数据时,不得使用其免棱镜测距功能。

(4)草图必须绘在竞赛委员会统一配发的"数字测图野外草图"本上。

(5)图根控制点的数量不做要求,地面也可不做标志,但采用全站仪测图时图上应注记作为测站点的图根控制点,而 GNSS 测图可以不注记控制点。

(6)按规范要求表示高程注记点,测定指定区域的等高线。

(7)绘图时,按图式要求进行点、线、面状地物的绘制和文字、数字、符号的注记;注记的文字字体采用仿宋体。

(8)图廓整饰内容包括采用任意分幅(四角坐标注记单位为米,取整至 10 m),图名、测图比例尺、内图廓线及其四角的坐标注记、外图廓线、坐标系统、高程系统、等高距、图式版本和测图时间应注记(图上不注记测图单位、接图表、图号、密级、直线比例尺、附注及其作业员信息等内容)。

(9)上交成果包括原始测量数据文件(DAT 格式)、野外草图和 DWG 格式的地形图图形文件。

(10)上交的成果上不得填写参赛队及观测者、绘图者姓名等信息。

§5-4 竞赛成果质量与成绩评定

数字测图竞赛成绩评定主要从参赛队的作业速度、测图规范、精度和图上表示等方面考虑,采用百分制。其中,作业速度占 30 分,按式(1-1)进行评定。而竞赛成果质量成绩由测图过程、测图精度和图上表示的成绩组成,占 70 分,评定方法如下。

一、竞赛资格

在测图过程中出现下列情况之一直接取消竞赛资格:

(1)故意遮挡其他参赛队观测且不听裁判劝阻。

(2)使用非竞赛委员会提供的设备。

(3)使用非竞赛委员会提供的草图纸。

(4)全站仪、GNSS 接收机及棱镜摔倒落地。
(5)使用电话、对讲机等通信工具。

二、竞赛要求

(1)指导教师及其他非参赛人员入场,违规 1 次扣 2 分。
(2)采集碎部点时跑步,违规 1 次扣 1 分。
(3)仪器设备不安全操作行为,违规 1 次扣 2 分。
(4)特殊情况由裁判小组协商处理。

三、测图精度与图上表示部分

(1)平面精度和高程精度部分,外业抽检 10 个点的坐标、5 条边长和 5 个高程点,每超限 1 处扣 1 分,共 20 分,扣完为止(坐标、边长限差为±0.15 m,高程限差为±0.15 m)。
(2)重大错误或违规直接扣 10 分,例如,某参赛队在绘图时将 X、Y 坐标搞反的情况等。
(3)一般性错误或违规扣 1~5 分,扣完为止;外业违规情况也一并记入该项。
(4)完整性。图上内容取舍合理,主要地物漏测 1 项扣 5 分,次要地物漏测 1 项扣 1 分,共 15 分,扣完为止。
(5)符号和注记。地图符号和注记信息使用正确、位置合理,错用 1 项扣 1 分,共 8 分,扣完为止。
(6)整饰。地形图整饰满足规范要求(需加绘 1∶500 图廓整饰),缺少 1 项扣 1 分,共 7 分,扣完为止。

四、评分表

为便于裁判评定成绩,将成果评分表分为外业现场检查和内业检查两部分,如表 5-1、表 5-2 所示。

表 5-1 数字地形图测绘成果评分表(外业)

参赛队编号:_____

违规现象	处理方法	发生次数
故意遮挡其他参赛队,且不听裁判劝阻	取消竞赛资格	
携带 2 个以上脚架、1 个以上对中杆入场,且不听裁判劝阻	取消竞赛资格	
不采用"草图法"采集碎部点,且不听裁判劝阻	取消竞赛资格	
全站仪、GNSS 接收机及棱镜摔倒落地	取消竞赛资格	
使用电话、对讲机等通信工具	违规 1 次扣 1 分	
指导教师或其他非参赛人员入场、指导、协助操作	违规 1 次扣 2 分	
使用非竞赛委员会提供的草图纸	违规 1 次扣 1 分	
支站不使用脚架	违规 1 次扣 1 分	
其他特殊情况		
合计扣分		

裁 判:_____   年 月 日

表 5-2 数字地形图测绘成果评分表(内业)

参赛队编号：_____

项目与分值	评分标准	扣分值	备注
点位精度(10 分)	要求误差小于 0.15 m； 检查 10 处，每超限 1 处扣 1 分，扣完为止		
边长精度(5 分)	要求误差小于 0.15 m； 检查 5 处，每超限 1 处扣 1 分，扣完为止		
高程精度(5 分)	要求误差小于 ±0.15 m； 检查 5 处，每超限 1 处扣 1 分，扣完为止		
错误或违规(10 分)	重大错误或违规直接扣 10 分； 一般性错误或违规扣 1~5 分，扣完为止		外业违规一并记入
完整性(15 分)	图上内容取舍合理，主要地物(房屋、道路与花坛等)漏测 1 项扣 5 分，次要地物(路灯、窨井、高程点等)漏测 1 项扣 1 分，扣完为止		
符号和注记(8 分)	地形图符号和注记用错 1 项扣 1 分，扣完为止		
整饰(7 分)	地形图整饰应符合规范要求，缺、错 1 项扣 1 分，扣完为止		
合计扣分			

裁　判：_____ 　　　　　　　　　　　　　　　　　年　　月　　日

五、注意事项

(一)测站测定

(1)坐标系统是测图工作基础，在 GPS 求解测图坐标参数时，要认真核对起算数据，应该两人配合，确保输入的数据正确无误。参数求解后，一定要用第三个已知点进行三维坐标检查，在历届竞赛中，因为坐标检查工作不认真出现坐标重大错误的情况，时有发生。

(2)用 GPS 增设全站仪的测站，其位置的选择，除了要考虑测量碎部点的数量、点位通视条件，还要特别注意点位 GPS 信号的稳定性和可靠性，注意全站仪测站定向边的长度。

(3)用全站仪增设测站，一定要用脚架架设棱镜，不得仅用棱镜杆对中方式测定测站点。设站后，一定要用另一个已知点进行检查，确保点位坐标和方向均正确无误。

(二)碎部点采集

(1)地物碎部点要选择正确，独立地物要测量中心点，不能直接测量得到的中心点要通过测量辅助点求解出中心点；线状地物要测定中心线；面状地物测绘外轮廓线，房屋外轮廓通常是以其主体墙面为准。明确地物要素属性及特征点位置，是准确表示地物的基础。

(2)高程点要按照均匀分布和重点部位不漏缺的原则进行选择。大比例尺地形图的高程点要求，在均匀分布测定高程点的基础上，在道路交叉口、坡坎边缘、建筑物底部、地形变换点等重要位置，都要测定高程点。

(3)碎部点点位测量时，对中杆要稳定竖直，特别是要保证 GPS 测量数据记录时，天线对中杆处于正确的姿态。若用全站仪测量，全站仪观测照准记录时，棱镜杆要稳定竖直。在历届竞赛中，点位精度超限(平面与高程)是扣分较多的项目。

(4)碎部点测量草图，以绘制交待清楚测量点位的属性和相关关系为准。注意点号字体大小适中、标注要清楚，实地量取的点位之间的距离长度，要标注在草图上。

(三)数字地形图绘制

(1)地形图测绘必须使用地形图图式符号。测图系统软件中,有市政部件符号,测绘地形图不得使用市政部件符号。尽管多次强调,但仍然有部分参赛队使用市政部件符号绘图。

(2)地形图图式符号要准确应用。一是准确应用符号属性和位置;二是完整表示符号的信息(例如,雨棚符号要注记"雨",房屋符号要注记结构和楼层等)。

(3)高程点注记分布要合理,要注意注记位置的选择。

(4)地形图的图面要进行整饰,处理好地形要素符号之间的关系,符号、注记、高程数字不能重叠压盖,要按照规范进行整饰处理。

(5)坐标网格是标准的方格,坐标网格要绘制完整,不允许出现非标准的方格。

(四)其他注意事项

赛前要认真学习竞赛细则,要认真学习测量规范、测图规程和地形图图式符号,赛项说明会要仔细认真听讲,尤其是参加测图竞赛的人员务必认真聆听和牢记。

§5-5 数字测图的关键技术

一、全站仪数字测图

全站仪可以同时进行角度(水平角、垂直角)测量和距离(斜距、平距、高差)测量,利用全站仪的应用程序和存储单元,可以进行坐标计算、高程计算等,并进行数据的存取。使用全站仪的数字测图,就是利用全站仪的这些功能,进行碎部测量,采集碎部点的地形信息,然后将这些信息传输到计算机编辑成数字图。

全站仪数字测图竞赛通常是给每个参赛队提供1个控制点做测站点,各参赛队共用定向控制点和检查控制点。因此,全站仪数字测图首先是在测站上安置仪器,然后照准定向控制点定向,定向完成再用检查控制点检查全站仪的测站设置及定向,检查无误后才开始测图。

在测站上安置全站仪、定向及检查是全站仪数字测图的重要步骤,特别是定向后的检查十分重要。在以往的竞赛中,少数参赛队在定向后不进行检查就开始测图,结果就是因定向错误导致整个测图前功尽弃。因此,测站整置、定向后一定要进行检查。

二、全球导航卫星系统测图

全球导航卫星系统(GNSS)接收机所测的定位成果是 WGS-84 坐标系的坐标,应当转换为国家大地坐标系的坐标。GNSS 测图竞赛通常是在测图场地附近建立 GNSS 基准站。竞赛时采用两种形式的 GNSS 测图的已知数据:一是提供 3 个控制点,参赛队首先在 2 个控制点上测量,利用这 2 个点解算出坐标转换的四参数,设置 GNSS 接收机,并在第 3 个控制点上进行仪器检查测量,然后开始测图;二是提供基准站的参数和 1 个控制点,每个参赛队先在移动站 GNSS 接收机上设置基准站参数,再利用提供的控制点进行检核测量,检核无误则进行数字测图。

因为提供 GNSS 基准站参数的数字测图,参赛队只需将基准站参数输入接收机即可测图,相比解算四参数的测图,方法较简单,而且提供基准站参数的测图,各参赛队测图的方位完全一致,不利于防止可能的作弊现象,因此,竞赛应当提供3个控制点的 GNSS 数字测图。

近年来,全国高校本科学生测绘技能竞赛的测图竞赛选用的是中海达 GNSS 接收机;而教育部组织的高等职业院校测绘技能竞赛的测图赛项选用的是科力达 GNSS 接收机。下面以这两种接收机为例,介绍 GNSS 数字测图。

(一)坐标转换原理

参赛队首先在2个控制点上测量,得到 WGS-84 坐标系的大地坐标(B,L)。转换方法如下:

(1)将点的 WGS-84 坐标系的大地坐标(B,L),按 WGS-84 参考椭球参数和高斯投影公式换算为 GNSS 高斯平面坐标(x,y)。

(2)利用2个重合点的两套平面坐标值,按照平面坐标系的转换方法求解转换参数。

设 GNSS 高斯平面坐标系与国家大地坐标系原点的平移参数为(x_0,y_0),尺度比参数为K,坐标系旋转角为α,点的 GNSS 高斯平面坐标为(x_g,y_g),该点在国家大地坐标系的平面坐标为(x_d,y_d),则将 GNSS 测得的点的 GPS 高斯平面坐标转换为国家大地坐标系的坐标,计算公式为

$$\left.\begin{array}{l}x_d = x_0 + x_g K\cos\alpha - y_g K\sin\alpha \\ y_d = y_0 + x_g K\sin\alpha + y_g K\cos\alpha\end{array}\right\} \quad (5\text{-}1)$$

令$P=K\cos\alpha, Q=K\sin\alpha$,代入式(5-1),得

$$\left.\begin{array}{l}x_d = x_0 + x_g P - y_g Q \\ y_d = y_0 + x_g Q + y_g P\end{array}\right\} \quad (5\text{-}2)$$

竞赛时利用2个已知点的坐标和 GPS 测得的 GPS 点的高斯平面坐标,可求出转换参数x_0、y_0、P、Q。利用第3个点进行检查,误差小于5 cm 时即可进行数字测图。

现行的每个 GNSS 接收机都有四参数测量转换的功能,因此只要按照仪器的说明操作即可。

(二)天宇天河 X1 接收机数字测图

1. 天宇天河 X1 接收机简介

天宇天河 X1 接收机如图5-1所示,其中,图5-1(a)为使用超高频(ultra high frequency, UHF)内置电台模块的移动站模式;图5-1(b)为使用外置电台模块的基准站模式;图5-1(c)为天宇天河 X1 网络天线和 UHF 差分天线,使用 RTK 网络模式1+1或者 CORS 需要配置网络天线,使用 UHF 电台模块的移动站主机需要配置 UHF 差分接收天线;图5-1(d)为天宇天河 X1 中标准配置的锂电池及充电器,当系统指示灯 CHARGE 为红光显示的时候表示正在充电中,当只显示指示灯 FULL 为绿光时表示充电完成。

天宇天河 X1 接收机的控制面板中的主机指示灯具有两层含义:

(1)模式切换及工作状态下指示灯含义。

(2)主机自检状态下指示灯含义。

天宇天河 X1 拥有4个指示灯,简单并明确地指示各种状态,如表5-3所示为天宇天河 X1 接收机的指示灯功能说明。

第五章　数字测图竞赛

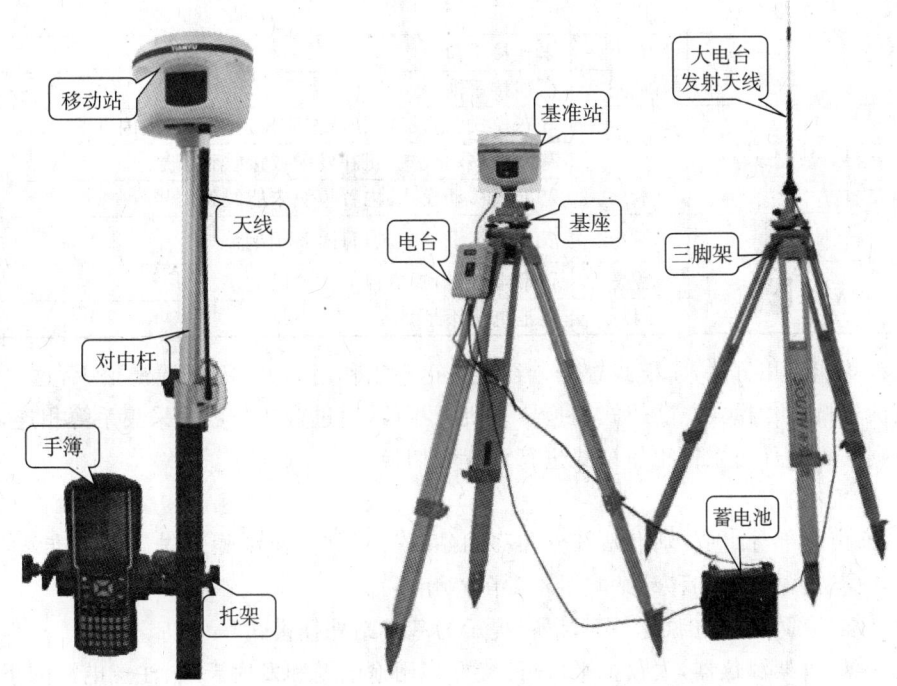

（a）使用UHF内置电台模块的移动站模式　　（b）使用外置电台模块的基准站模式

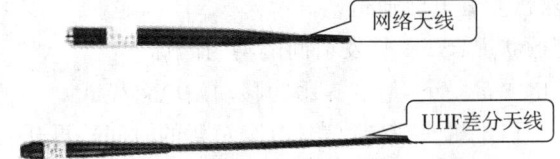

（c）天宇天河X1网络天线和UHF差分天线

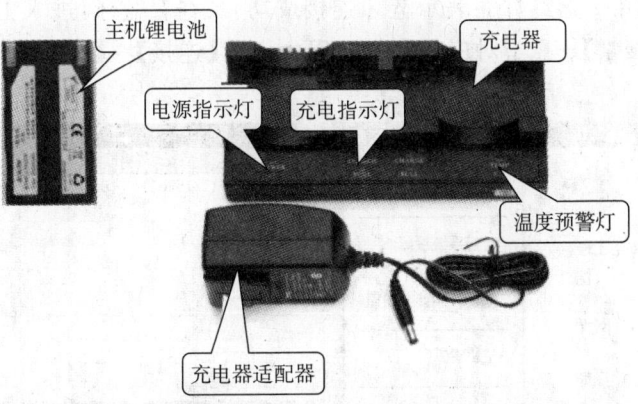

（d）天宇天河X1中标准配置的锂电池及充电器

图 5-1　天宇天河 X1 接收机

表 5-3　天宇天河 X1 接收机的指示灯功能说明

指示灯	状态	含义
蓝牙	常灭	未连接手簿
	常亮	已连接手簿
信号/数据	闪烁	静态模式:记录数据时,按照设定采集间隔闪烁
		基准或移动模式:正在发射或接收到信号
	常灭	基准或移动模式:内置模块未能收到信号
卫星	闪烁	表示锁定卫星数量,每隔 5 s 循环一次
POWER	常亮	正常电压:内置电池 7.4 V 以上
	闪烁	电池电量不足

按键功能使用方法:①模式查看。在主机正常工作时,按一下电源键松手,这时会有语音播报当前主机工作模式。②模式切换。主机开机后,通过蓝牙与数据采集手簿相连,通过工程之星数据采集软件对主机工作模式进行设置和切换。

2. 设置及解算

RTK 由两部分组成:基准站部分和移动站部分。其操作步骤是先启动基准站,后进行移动站操作(基准站配置和移动站配置不要随意互换)。

1)基准站部分(按电源键一下,语音提示为基准站外挂模式)

(1)架好脚架和仪器,大致整平即可;接好多用途电缆和发射天线,注意电源的正负极正确(红正黑负,先接负极,准备"12 V、45 AH"电瓶)。

(2)打开主机和电台(查看电台通道)。

(3)正常发射后灯的状况:STA 灯发射间隔均匀闪烁。

2)移动站部分(按电源键一下,语音提示为移动站电台模式)

(1)架好仪器。先开启主机头(接收信号有个短暂的时间),再开启手簿。

(2)工程之星软件位置。在手簿桌面点击图标【win】→【EGStar】(工程之星 3.0,以右下角的"确定"按钮为主要确认键)。

(3)蓝牙连接(第 2 盏红灯亮表示蓝牙连接成功)。查看蓝牙:进入工程之星→【配置】→【蓝牙管理器】→【搜索】→点击对应的机身号码→点击【连接】→【OK】(退出蓝牙管理器),如图 5-2 所示。

图 5-2　蓝牙连接

(4)电台设置。点击【配置】→【主机设置】→【电台设置】→【切换通道号】(输入对应通道)→【切换】→【读取】(当前通道号)→【确定】,如图 5-3 所示。

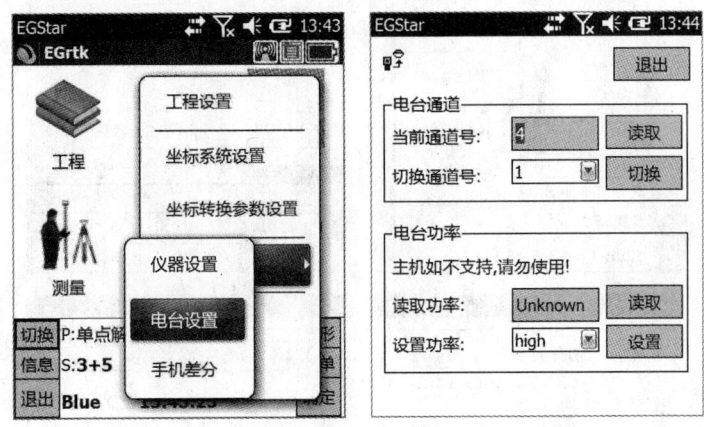

图 5-3 电台设置

(5)新建工程。①点击【工程】→【新建工程】→【工程名称】(建议以当天日期命名,便于查找错误)→【确定】,如图 5-4 所示。②点击【配置】→【坐标系统设置】→【增加】→设置参数系统名、椭球名称、投影方式、中央子午线数值(测量界面点击【信息】查看经度的度数值)→【确定】,如图 5-5 所示。

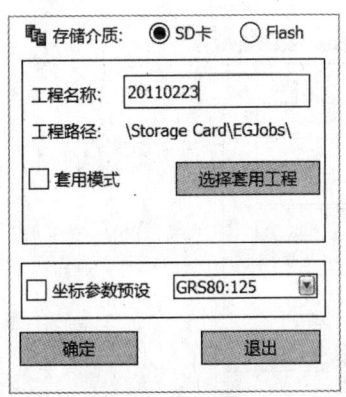

图 5-4 新建工程

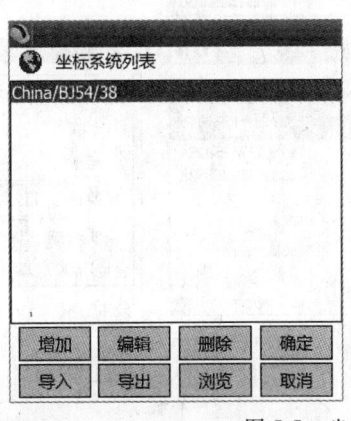

图 5-5 坐标系统设置

(6)采集坐标及查看测点信息。点击【测量】→【点测量】,采集坐标(输入点名、天线高、杆高)→【OK】,如图 5-6 所示。

(7)求转换参数(平面转换至少需要 2 个已知点,高程转换至少 3 个)。①点击【输入】→【求转换参数】→【增加】→增加控制点(已知平面坐标:输入施工方给定的坐标即图纸上的坐标)→【OK】→增加控制点(大地坐标:对应的采集坐标即自由坐标)→【从坐标管理库选点】→选中对应点→【确定】,一组转换数据完成,再添加另外一组,注意查看水平精度和高程精度,如图 5-7 所示。②点击【保存】→【应用】→【是】(即应用到当前工程文件),参数应用之后便可开始测量工作,如图 5-8 所示。

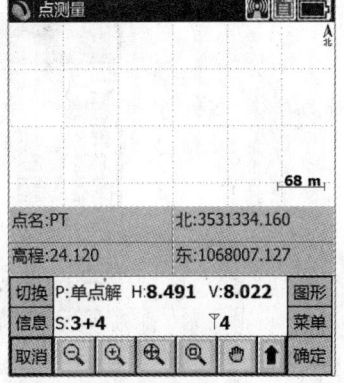

图 5-6 点测量

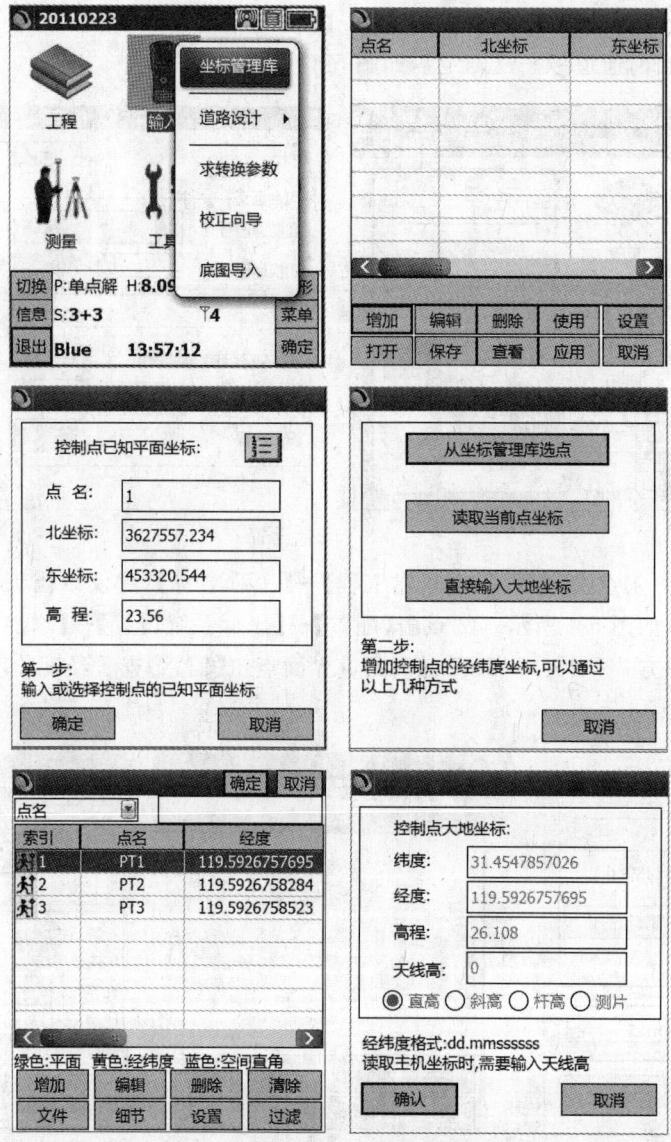

图 5-7 求转换参数

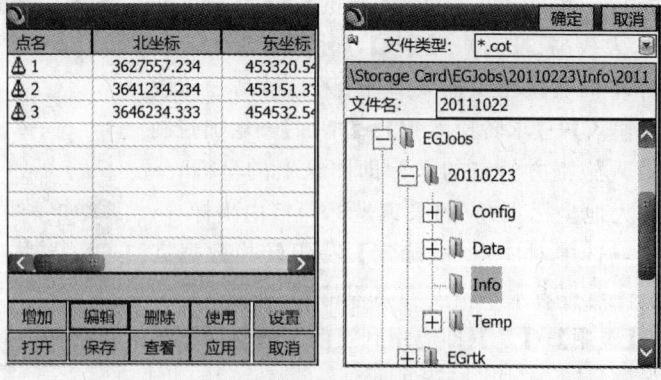

图 5-8 保存转换结果

图 5-8(续)　保存转换结果

(8)点放样。点击【测量】→【点放样】→【目标】，进入放样界面，配合指南针将迅速找到放样点，如图 5-9 所示。

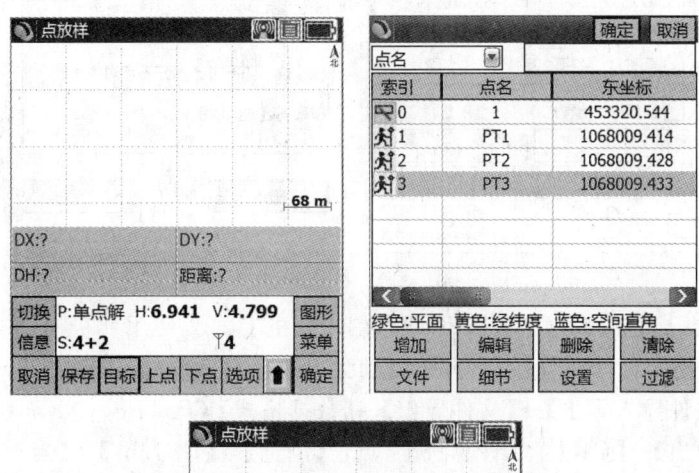

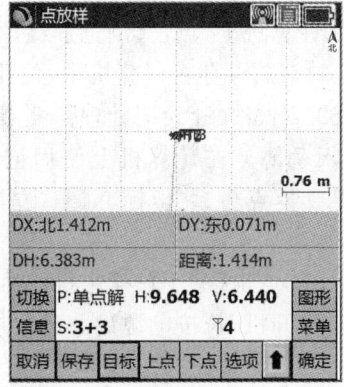

图 5-9　点放样

(9)单点校正。点击【输入】→【校正向导】→【基准站架设在未知点】→【下一步】→输入当前移动站已知坐标(注意杆高)→【校正】→【确定】，如图 5-10 所示。需要注意的是，基准站位置变化或关机重启之后都必须做单点校正。单点校正之后采集当前点坐标，与已知坐标对比一下，精度在误差范围之内方可开始测量。

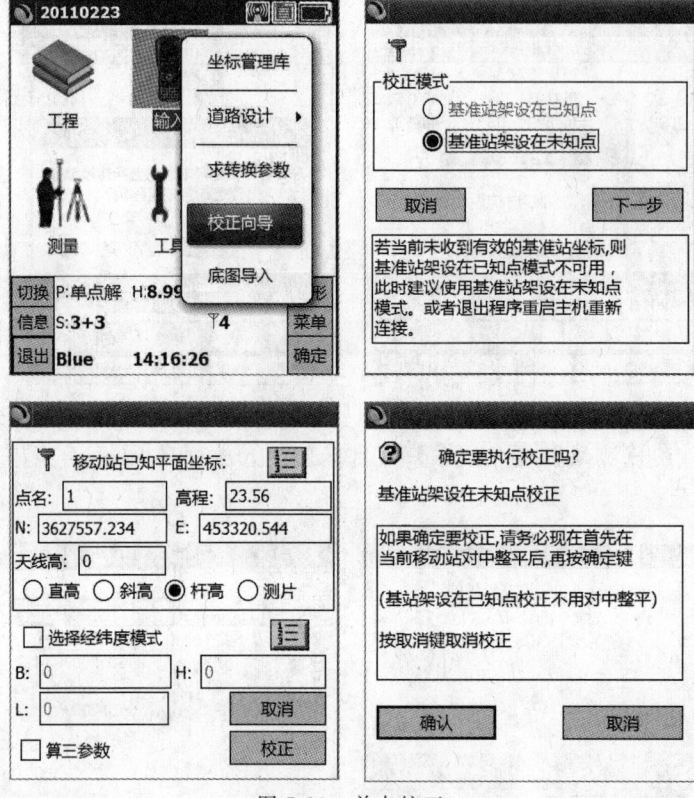

图 5-10 单点校正

(10)传输数据。①将手簿连接驱动安装在计算机上。②使用北极星 X3 的 USB 通信电缆(SH9UD)将手簿与计算机连接,计算机自动弹出连接对话框,点击【确定】即可。③手簿上,点击【工程】→【文件导入导出】→【文件导出】→【数据格式】(Pn,Pc,y,x,h)→【测量文件】→【成果文件】→【导出】→【OK】。④计算机上,点击【浏览】→【EGJobs】→【当天工程】→【Data】,找到转换后的 DAT 格式文件,复制粘贴保存在计算机中,使用记事本打开便可查看当天所有采集数据的信息,打开南方 CASS9.2 软件→【绘图处理】→【展外测点点号】→【开始绘图】。

(11)编辑 DAT 格式数据导入手簿。在计算机上使用记事本新建文件,并改为 DAT 格式,按照数据格式(Pn,x,y,z,Pc)即点名、北坐标 N、东坐标 E、高程 H、属性的格式录入点数据,复制粘贴保存到手簿中即可。

(12)主机注册。①蓝牙连接。②点击【关于】→【主机注册】→输入注册码→【注册】。

(13)手簿开机、关机和重启。①开机,长按电源键。②关机,按电源键 3 秒。③重启,长按电源键(或拔出数据口保护盖里面的重启按钮)。

(14)在四参数已知的情况下的操作。①打开工程文件,点击【工程】→打开工程,或直接新建工程,输入已知的四参数。②单点校正。③采集数据做对比(精度要求在误差允许范围之内)。

(三)K6 Power 接收机数字测图

1. 整体介绍

K6 Power 测量系统主要由主机、手簿、电台、配件四大部分组成,组装及架设如图 5-11 所示。

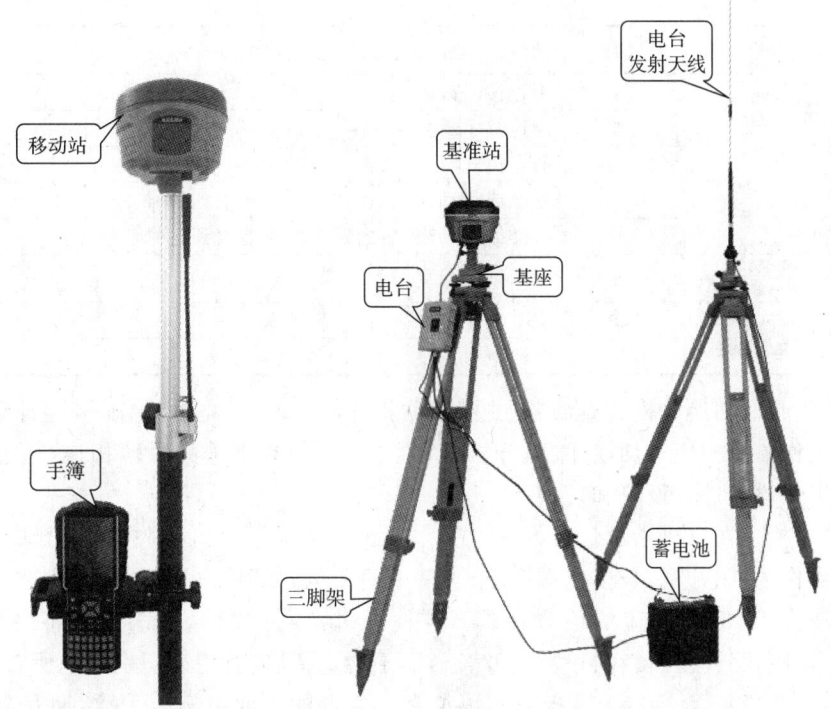

图 5-11 K6 Power 测量系统

1）主机外型

主机呈圆柱状,高 118 mm,直径 134 mm,体积 1.02 L。密封橡胶圈到底面高 78 mm。主机前侧为按键和指示灯面板,仪器底部有电台和网络接口,以及一串条形码编号,其是主机机身号,主机背面有电池仓和 SIM 卡卡槽。

K6 Power 的电池安放在仪器背面,安装或取出电池的时候需要翻转仪器,找到电池仓。电池仓卡扣按紧向仪器底部下压即可将电池仓打开,就可以安装或取出电池。

2）控制面板

（1）K6 Power 主机指示灯具有两层含义：模式切换工作状态下指示灯及主机自检状态下指示灯。

（2）K6 Power 控制面板拥有 4 个指示灯,简单并明确地指示各种状态,如图 5-12 所示。表 5-4 为指示灯的具体含义。

图 5-12 控制面板

表 5-4 指示灯的含义

指示灯	状态	含义
蓝牙	常灭	未连接手簿
	常亮	已连接手簿
信号/数据	闪烁	静态模式:记录数据时,按照设定采集间隔闪烁
		基准或移动模式:正在发射或接收到信号
	常灭	基准或移动模式:内置模块未能收到信号
卫星	闪烁	表示锁定卫星数量,每隔 5 s 循环一次
POWER	常亮	正常电压:内置电池 7.4 V 以上
	闪烁	电池电量不足

(3)模式查看和切换。模式查看:在主机正常工作时,按一下电源键松手,这时会有语音播报当前主机工作模式。模式切换:主机开机后,通过蓝牙与数据采集手簿相连,通过数据采集软件对主机工作模式进行设置和切换。

(4)主机自检。在主机指示灯异常或者工作不正常情况下,可使用自动检测功能,即主机自检。具体操作为:①开机,长按电源键不放,待关机后电源灯再次亮起,松开按键,开始自检。②自检通过或失败,会有相应的语音播报。自检通过,等待数秒之后,仪器将会自动重启。③自检不通过,则仪器会停留在自检结果状态,而不会重新启动,用来识别问题所在。

(5)手簿。北极星 Polar X3 是科力达测绘自主生产的工业级三防手簿,拥有全字母全数字键盘,并配备高分辨率 3.5 英寸液晶触摸屏,带来完美的操作体验。该款手簿采用微软 Windows Mobile 操作系统,扩展性能更强,配合科力达公司专业级的行业测量软件,为 RTK 测量工作提供强力支持。

2. 手簿介绍

北极星 Polar X3 数据采集手簿是一款在商业和轻工业方面用于实时数据计算的掌上计算机,以 Windows Mobile 为操作系统,在数据通信中使用很广,图 5-13 为手簿键盘示意图。

图 5-13 手簿键盘

(1)键盘及功能。如触摸屏出现问题或是反应不灵敏,可以用键盘来实现。表 5-5 为键盘按键及其相应的功能。

表 5-5　键盘按键及其相应的功能

功能	按键
开机/关机	电源键
打开键盘背光灯	背光灯键
移动光标	光标键
同 PC 上 Shift 键功能	Shift
输入空格	"⊔"空格键
输入数字或字母时,光标向左删除一位	Bksp
同 PC 上 Ctrl 键功能	Ctrl
打开文件夹或文件,确认输入字符完毕	Enter
光标右移或下移一个字段	TAB
关闭或退出(不保存)	Esc
辅助启用字符输入功能	黄色 Shift
辅助启用功能键	蓝色按键
切换输入法状态	Ctrl+Bksp
禁用或启用屏幕键盘	Ctrl+Esc

(2)功能键。手簿键盘中的 Shift、Ctrl 和蓝色按键为辅助功能键,所有的功能键均为一次性使用键。手簿上 Shift、Ctrl 和蓝色按键的功能同台式计算机键盘上的功能,只是手簿上不能同时按下两个键。使用功能键时必须先按下该键,再选取要实现的键,而且所有的功能键均为一次性使用键。

(3)按键。Shift 键是为显示手簿键盘中字母键上黄色字符和数字键上方的符号所设立的。但连续按下 Shift 键两次,该功能键将被激活,这时,再按下字母键时就会显示该字母对应的希腊字母,按下数字键就会显示数字键上方的符号。

(4)光标键。光标键位于键盘的上方、屏幕的下方并紧挨着屏幕,光标键可以上下左右地移动光标。

(5)Bksp 键。Bksp 键可以删除左边的一个字符,使光标向左移动。先按光标键再按 Bksp 键可以删除右边的字符。

(6)Ctrl 键。Ctrl 为功能键,它们的功能依赖于下一个按键。

(7)TAB 键。TAB 键为切换键,可以使光标移动到右边的下一项。

(8)Esc 键。一般地,这个键是用来关闭正在运行的窗口、返回上一个窗口的快捷键。

(9)空格键。此键是用来在两个字符间插入空格的键。

(10)手簿电池及充电器。锂离子电池必须在使用前对其充电,充电时长为 4 h,该充电器有过充保护功能。当系统指示灯显示红光的时候表示正在充电中,当只显示绿光时表示充电完成。需要注意的是,为了延长电池寿命,需要在温度为 0℃~45℃时对其充电。

(11)手簿数据传输线。USB 通信电缆用于连接采集手簿和计算机,再配合连接软件(Microsoft ActiveSync)来传输手簿中的测量数据。图 5-14 为数据传输线。

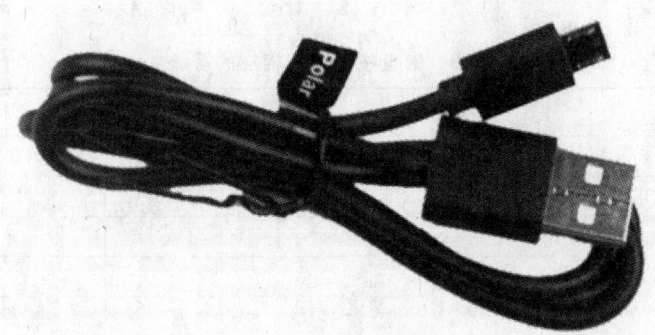

图 5-14　数据传输线

3. 蓝牙连接

1）方法一：蓝牙触碰连接

K6 Power 主机支持 NFC 蓝牙配对功能。打开工程之星软件，点击界面右上方类似无线网信号的图标，在配对界面点击开始 NFC 扫描，如图 5-15 所示，将北极星 Polar X3 手簿背部（NFC 读取模块在手簿背面）贴近 K6 Power 主机电池仓，手簿将自动完成蓝牙配对工作，如图 5-16 所示，然后即可进行测量的相关工作。

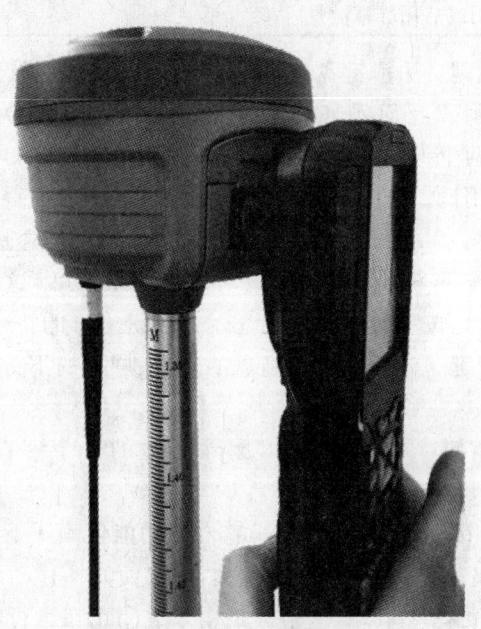

图 5-15　手簿 NFC 模块　　　　图 5-16　蓝牙触碰配对

2）方法二：蓝牙设置连接

需要将主机开机（图 5-17），然后对北极星 Polar X3 手簿进行如下设置：

(1)【资源管理器】→【设置】→【蓝牙】(图 5-18)。

图 5-17 手簿主界面

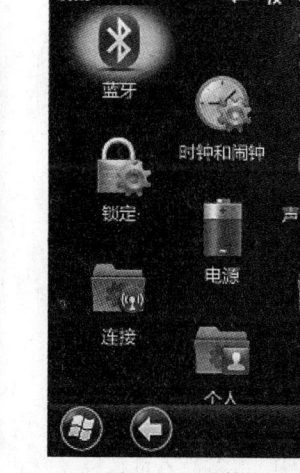
图 5-18 手簿设置界面

(2) 在蓝牙设备管理器窗口中选择【添加新设备】,开始进行蓝牙设备扫描,如图 5-19 所示。如果在附近(小于 20 m 的范围内)有可被连接的蓝牙设备,在【选择蓝牙设备】对话框将显示搜索结果,如图 5-20 所示。

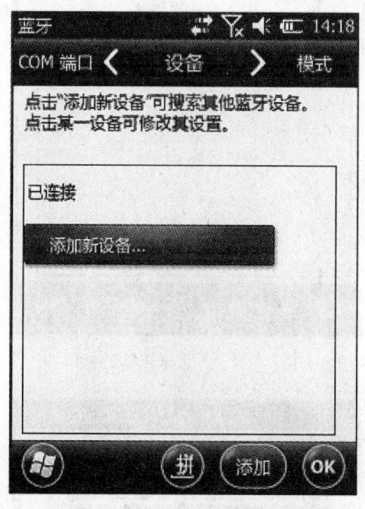
图 5-19 蓝牙添加新设备

图 5-20 蓝牙搜索结果

(3) 选择【S82…】数据项,点击【下一步】,弹出"输入密码"窗口,直接点击【下一步】跳过,如图 5-21 所示。

(4) 出现"设备已添加"窗口,如图 5-22 所示,点击【完成】,显示如图 5-23 所示界面。

(5) 再回到"蓝牙"界面,选中【COM 端口】,选择【新建发送端口】,如图 5-24 所示。

(6) 选择要连接的 GPS 主机编号,点击【下一步】,如图 5-25 所示。在弹出的"端口"界面选择任一项,如图 5-26 所示,点击【完成】。至此,手簿连接 GPS 主机蓝牙设置阶段已经完成。

4. 软件安装及连接

针对不同行业的测量应用量身定制专业测绘软件,有"工程之星""电力之星""测图之星"和"桥梁之星"等。以下以工程之星软件为例。

图 5-21 蓝牙输入密码

图 5-22 蓝牙连接成功

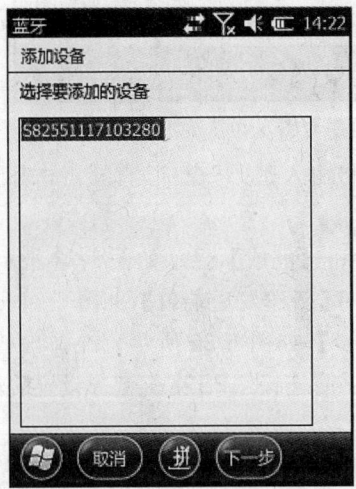
图 5-23 蓝牙添加完成

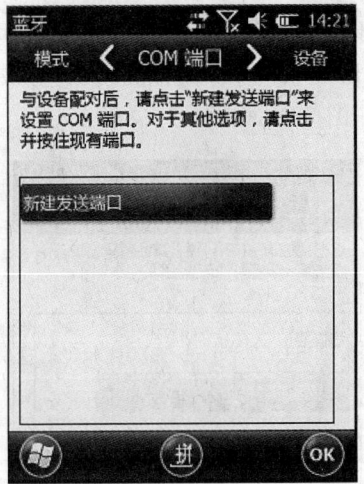
图 5-24 新建 COM 端口

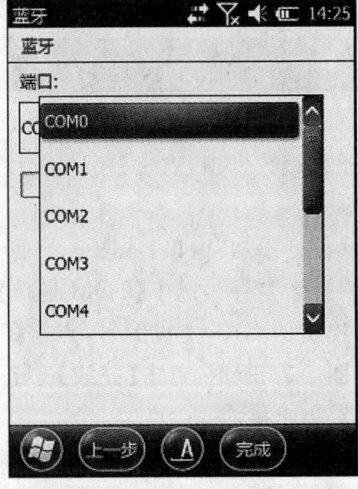
图 5-25 连接的 GPS 主机编号   图 5-26 "端口"界面选择

工程之星软件是 K6 Power 测量系统的专用软件,主要用于观测点的数据采集及计算。

在安装工程之星前需要先安装厂家提供给用户在光盘上的 Microsoft ActiveSync 软件。将 Microsoft ActiveSync 安装到计算机上后,再将北极星 Polar X3 手簿通过连接线与计算机连接,并把工程之星安装到手簿中,同时保持主机开机,然后进行如下设置:

(1)打开工程之星软件,如图 5-27 所示,进入工程之星主界面,如图 5-28 所示。点击"提示"窗口中的【OK】。

图 5-27　工程之星软件

图 5-28　工程之星主界面

(2)点击【配置】→【端口设置】,在"端口配置"对话框中,端口选择"COM3",如图 5-29 所示,与之前连接蓝牙串口服务里面的串口号相同,配置波特率等参数,如图 5-30 所示。如果连接成功,状态栏中将显示相关数据,如图 5-31 所示。如果连不通,退出工程之星,重新连接(如果以上设置都正确,此时直接连接即可)。手簿与主机连通之后可以做后续测量。

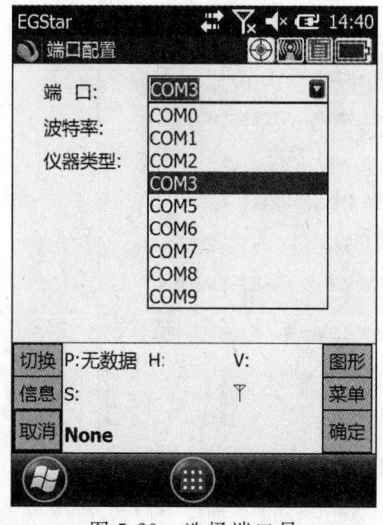

图 5-29　选择端口号

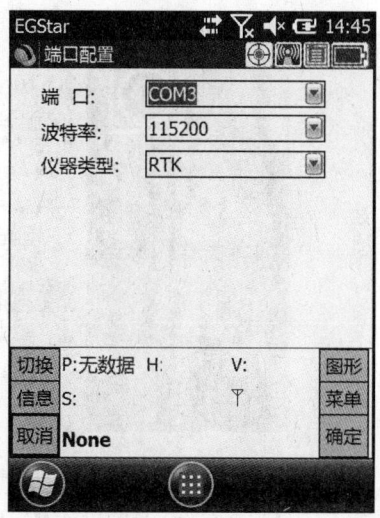

图 5-30　端口配置

图 5-31 蓝牙连接成功

5. 数据传输

北极星 Polar X3 手簿可以通过连接器与计算机连接。

1）安装 Microsoft ActiveSync

在提供给用户的产品盒中有一张光盘是 Microsoft ActiveSync。首先将 Microsoft ActiveSync 安装到计算机上并建立计算机与掌上计算机的通信。

在安装 Microsoft ActiveSync 过程中需要重新启动计算机，因此安装前需要保存所作的工作并退出所有应用程序。为安装 Microsoft ActiveSync，我们需要一根 USB 电缆（在产品盒中有提供）以连接掌上计算机和桌面计算机。

将"Microsoft ActiveSync 桌面计算机软件"光盘放入光驱。Microsoft ActiveSync 安装向导将自动运行。如果该向导没有运行，可到光驱所在盘符根目录下找到 setup.exe 后，双击运行。点击【下一步】，安装 Microsoft ActiveSync，如图 5-32 所示。

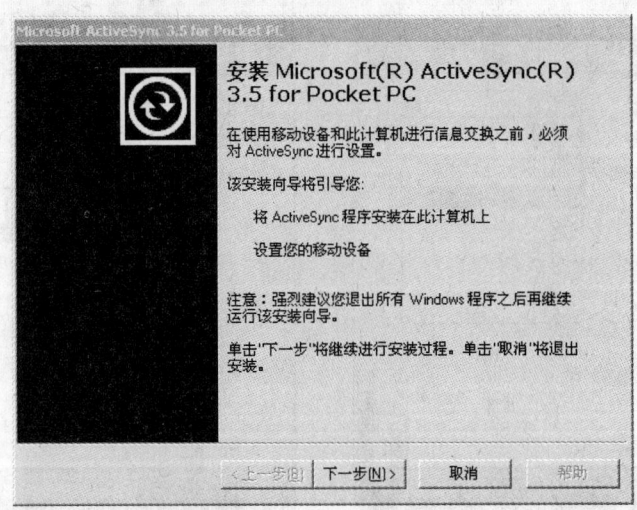

图 5-32 安装 Microsoft ActiveSync 界面

2)连接手簿与计算机

安装了 Microsoft ActiveSync 后,需要重新启动计算机。使用连接电缆,将电缆的一端插入手簿下端的 USB 接口,另一端插入桌面计算机的某一通信端口。

打开手簿。首次连接,将弹出新硬件向导对话框,如图 5-33 所示。选择"从列表或指定位置安装",并选择光盘中 USB 驱动的目录,以完成驱动程序的安装,如图 5-34 所示。

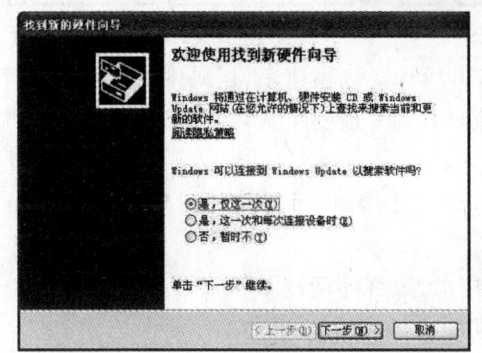 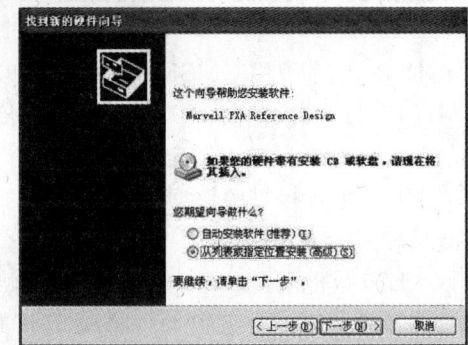

图 5-33 首次连接时显示的信息

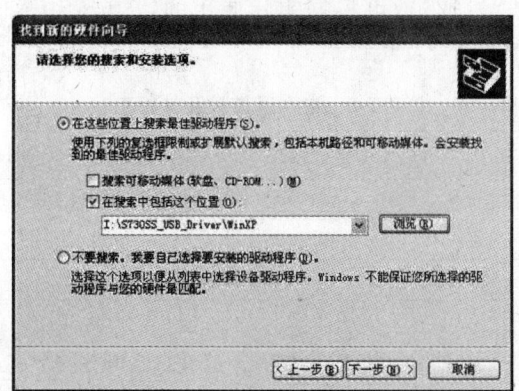

图 5-34 驱动程序的安装

驱动安装完成后,软件将检测掌上计算机并配置通信端口。如果连接成功,屏幕会显示如图 5-35 所示信息。

3)使用"浏览"功能

当手簿与计算机同步后,点击【我的电脑】→【移动设备】,可浏览移动设备(手簿)中的所有内容。同时也可进行文件的删除、拷贝等操作,如图 5-36 所示。

6. 外挂电台

1)电台特点

(1)GDL20 电台是空中传输速率达 19 200 bit/s 的高速无线半手工数据传输电台,具有较大射频发射功率,应用于科力达 RTK 测量系统中。

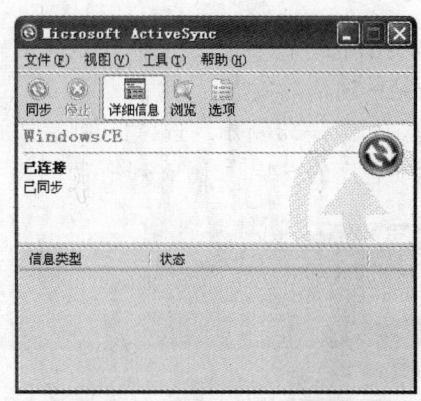
图 5-35 通信端口连接成功

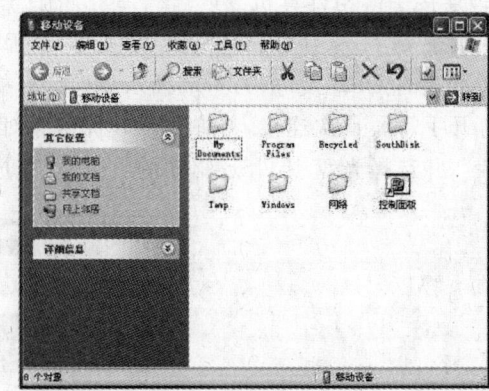
图 5-36 浏览移动设备信息

(2) GDL20 电台采用 GMSK 调制方式、19 200 bit/s 传输速率,误码率低。射频频率可覆盖 450～470 MHz 频段范围。GDL20 的数据传输方式为透明模式,即将接收到的数据原封不动地传送到实时动态导航卫星定位系统中。

(3) GDL20 电台提供的数据接口为标准的 RS-232 接口,可以与任何具有 RS-232 的终端设备相连以便进行数据交换。

(4) GDL20 数传电台采用先进的无线射频技术、数字处理技术和基带处理技术研发而成,精心选用高质量的元器件组织生产,保证其长期稳定可靠运行。

(5) 电台具有前向纠错控制,数字纠错功能。

(6) 电台存储 8 个收、发通道,可根据实际使用的通道频率更改,发射功率可调间隔为 0.5 MHz。表 5-6 为电台通道号及其频率。

表 5-6 电台通道号及其频率

通道号	频率(450～470 MHz)
1 通道	463.125
2 通道	464.125
3 通道	465.125
4 通道	466.125
5 通道	463.625
6 通道	464.625
7 通道	465.625
8 通道	466.625

2) 电台外型

图 5-37 为电台正面。图 5-38 为电台接口(五针插孔),用于连接 GPS 接收机及供电电源。图 5-39 为电台天线接口,用来连接发射天线。图 5-40 为电台控制面板,控制面板指示灯显示电台状态,按键操作简单方便,一对一接口能有效防止连接错误。

第五章　数字测图竞赛

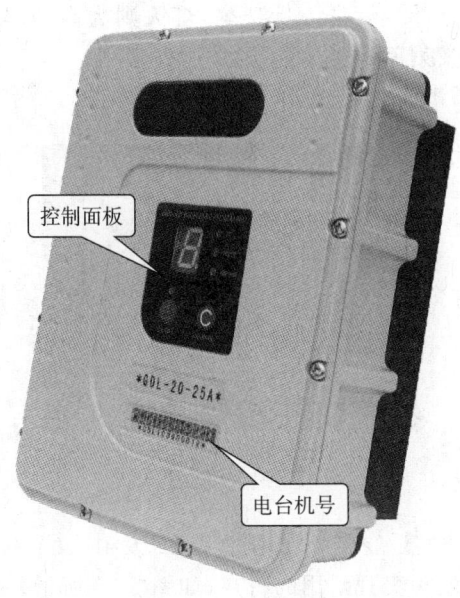

图 5-37　电台正面

图 5-38　电台接口

图 5-39　电台天线接口

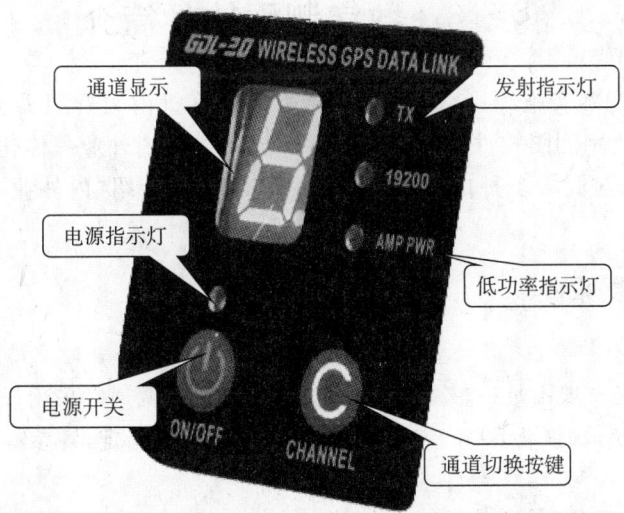

图 5-40　电台控制面板

在电台控制面板(图 5-40)中：ON/OFF 电源开关键用来控制本机电源开关；左边红灯指示本机电源状态；CHANNEL 按键为本机切换通道用开关，按此键可以切换 1～8 通道；AMP

PWR 指示灯指示电台功率高低，灯亮为低功率，灯灭则为高功率；TX 指示灯每秒闪烁一次表示电台在发射数据状态，发射间隔为 1 s。

功率切换开关用于调节电台功率，如图 5-41 所示。

图 5-41　功率开关

3）电台发射天线

GDL20 电台采用的是特别适合野外使用的 UHF 发射天线，接收天线使用的是 450 MHz 全向天线，天线具有小巧轻便和美观耐用的特点，如图 5-42 所示。

图 5-42　电台发射天线

§5-6　数字测图软件简介

根据测绘技能竞赛实施细则，数字测图使用的计算机由大赛组委会提供，成图软件使用南方 CASS 9.2 数字测图软件。CASS 9.2 系统提供了"内外业一体化成图""电子平板成图"和"地图数字化成图"等多种成图作业模式。本节主要介绍"内外业一体化"的成图作业模式。

一、碎部点数据采集

（一）测区分幅

因为竞赛的范围一般不足一整幅图，因此竞赛的图幅分幅通常采用任意分幅，要求图上四角坐标注记单位为 m，取整至 50 m。地图的图名通常由裁判指定，各参赛队统一使用。

（二）碎部测量

数字测图竞赛的碎部测量数据采集一般用全站仪或 GNSS-RTK 进行，通常采用"草图法"测图，现场绘制草图，如图 5-43 所示，室内用编码引导文件或用测点点号定位方法进行成图。

当所测地物比较复杂时，如图 5-44 所示，为了减少镜站数，提高效率，可适当采用皮尺丈量方法测量，室内用交互编辑方法成图。

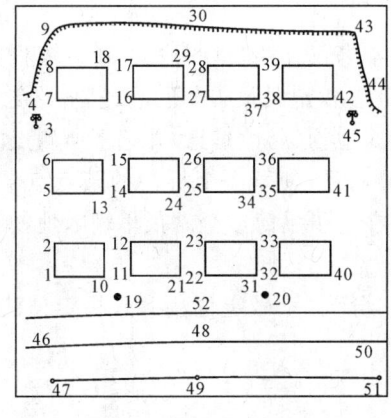
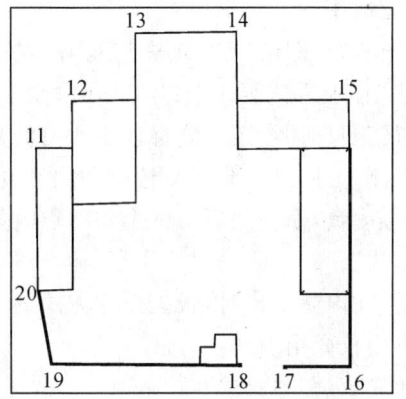

图 5-43 "草图法"测图示例　　图 5-44 复杂地物可用皮尺丈量方法测量

在进行地貌采点时,要在地性线上采集足够密度的点,尽量多测量特征点。如图 5-45 所示,在沟底测了一排点,也应该在沟边再测一排点,而在测量陡坎时,最好坎上、坎下同时测点,这样生成的等高线才能真实地反映实际地貌。在其他地形变化不大的地方,可以适当放宽采点密度。

（三）人员分工

数字测图竞赛不允许参赛队员轮换,参赛的 4 个人可以分为:测站 1 人、棱镜 1 人、领尺员 2 人,领尺员负责画草图和室内成图。

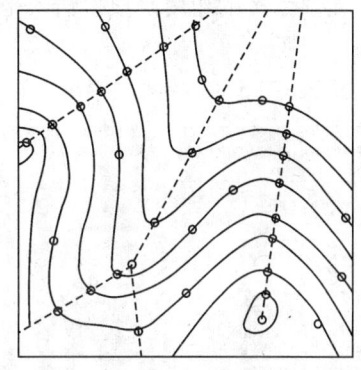

图 5-45 地貌采点要采集特征点

需要注意的是领尺员必须与测站保持良好的通信联系,使草图上的点号与仪器记录的点号一致。

二、绘制平面图

对于图形的生成,CASS 9.2 提供了"草图法""简码法"和"电子平板法"等多种成图作业方式,并可实时地将地物定位点和邻近地物点显示在当前图形编辑窗口中,操作十分方便。

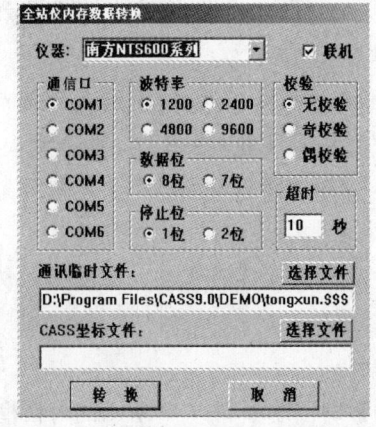

图 5-46 全站仪内存数据转换对话框

（一）数据通信

数据通信的作用是完成带内存的全站仪与计算机两者之间的数据相互传输。

(1)将全站仪通过适当的通信电缆与计算机连接好。

(2)移动鼠标至【数据通信】下的【读取全站仪数据】,该处以高亮度(深蓝)显示,按左键,出现如图 5-46 的对话框。

(3)根据不同仪器的型号设置通信参数,再选取要保存的数据文件名。

注意:竞赛若出现"数据文件格式不对"提示时,有可能是全站仪和软件两边通信参数设置不一致导致的。

(二)内业成图

内业成图有"草图法"和"简码法"等作业方式,本书仅介绍"草图法"的作业流程。

"草图法"作业方式要求外业工作时,除了测量员和跑尺员外,还要安排一名绘草图的人员。在跑尺员跑尺时,绘图员要标注出所测的是什么地物(属性信息)并记下所测点的点号(位置信息)。在测量过程中,绘图员还要和测量员及时联系,使草图上标注的某点点号和全站仪里记录的点号一致,而在测量每一个碎部点时不用在电子手簿或全站仪里输入地物编码,故又称为"无码方式"。

"草图法"在内业工作时,根据作业方式的不同,分为"点号定位法""坐标定位法"和"编码引导法"。下面仅介绍前两种方法。

1."点号定位法"作业流程

1)定显示区

定显示区的作用是根据输入坐标数据文件的数据大小,定义屏幕显示区域的大小,以保证所有点可见。

进入 CASS 9.2 的主菜单,首先点击【绘图处理】,即出现如图 5-47 所示的下拉菜单。

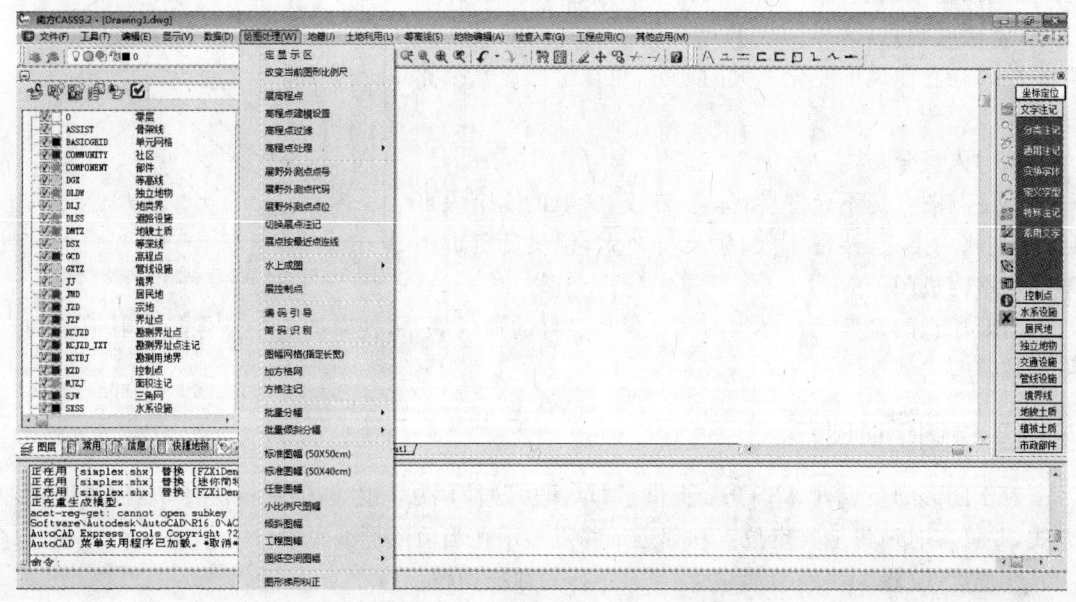

图 5-47　CASS 9.2 的主菜单及绘图处理下拉菜单

然后左键选择【定显示区】,即出现一个如图 5-48 所示的对话框。这时,需输入碎部点坐标数据文件名。可直接通过键盘输入,如在文件名中(即光标闪烁处)输入"C:\CASS 9.2\DEMO\YMSJ.DAT"后,再单击【打开】;也可参考 WINDOWS 选择打开文件的方法操作。这时,命令区显示:

最小坐标(米)$X = 87.315, Y = 97.020$

最大坐标(米)$X = 221.270, Y = 200.00$

2)选择测点点号

移动鼠标至屏幕右侧菜单区,点击【坐标定位/点号定位】,即出现如图 5-48 所示的对话框。

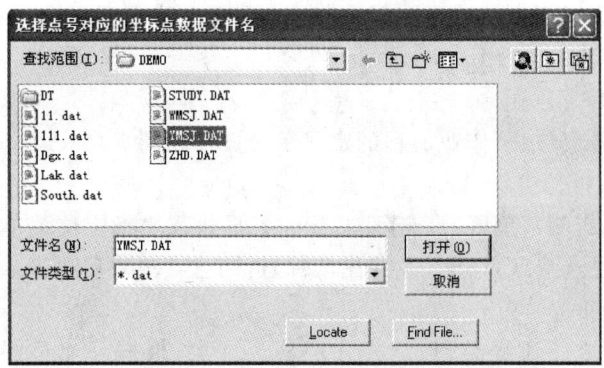

图 5-48　选择点号对应的坐标点数据文件名对话框

输入点号对应的坐标点数据文件名"C:\CASS 9.2\DEMO\YMSJ.DAT"后,命令区显示:

读点完成!共读入 60 点。

3)绘平面图

根据野外作业时绘制的草图,移动鼠标至屏幕右侧菜单区选择相应的地形图图式符号,然后在屏幕中将所有的地物绘制出来。系统中所有地形图图式符号都是按照图层来划分的。例如,所有表示测量控制点的符号都放在"控制点"这一层,所有表示独立地物的符号都放在"独立地物"这一层,所有表示植被的符号都放在"植被土质"这一层。

为了更加直观地在图形编辑区内看到各测点之间的关系,可以先将野外测点点号在屏幕中展出来。其操作方法是:先移动鼠标至屏幕的顶部菜单点击【绘图处理】,这时系统弹出一个下拉菜单;再点击【展野外测点点号】,便出现对话框;输入对应的坐标数据文件名"C:\CASS 9.2\DEMO\YMSJ.DAT"后,便可在屏幕展出野外测点的点号,如图 5-49 所示。

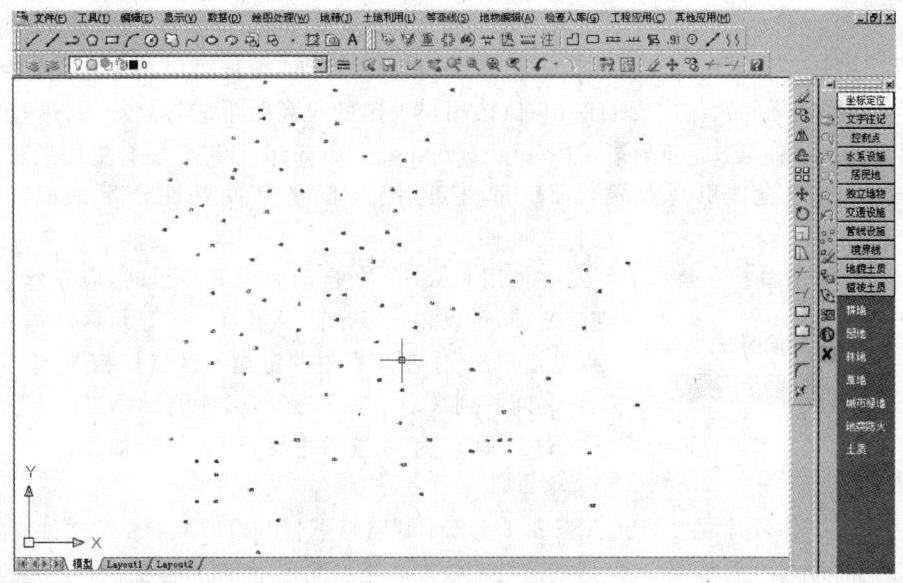

图 5-49　野外测点的展点图

根据外业草图,选择相应的地形图图式符号在屏幕上将平面图绘出来。

2. "坐标定位法"作业流程

1) 定显示区

此步操作与"点号定位法"作业流程的定显示区操作相同。

2) 选择坐标

移动鼠标至屏幕右侧菜单区,点击【坐标定位】,即进入坐标定位菜单。如果刚才在测点点号定位状态下,可通过选择【CASS 9.2 成图软件】返回主菜单之后再进入坐标定位菜单。

3) 绘平面图

与"点号定位法"成图流程类似,需先在屏幕上展点,根据外业草图,选择相应的地形图图式符号在屏幕上将平面图绘出来,区别在于不能通过测点点号进行定位。

三、绘制等高线

在地形图中,等高线是表示地貌起伏的一种重要手段。常规的平板测图,等高线是由手工描绘的,等高线可以描绘得比较光滑但其精度较低。在数字化自动成图系统中,等高线是由计算机自动绘制的,生成的等高线精度相当高。

CASS 9.2 在绘制等高线时,充分考虑了等高线通过地性线和断裂线时情况的处理,如陡坎、陡涯等。CASS 9.2 能自动切除通过地物、注记、陡坎的等高线。在绘等高线之前,必须先将野外测的高程点建立数字地形模型(digital terrain model,DTM),然后在 DTM 上生成等高线。

(一) 建立 DTM(构建三角网)

DTM 是在一定区域范围内规则格网点或三角网点的平面坐标(x,y)和其地物性质的数据集合,如果此地物性质是该点的高程 Z,则此 DTM 又称为数字高程模型(digital elevation model,DEM)。这个数据集合从微分角度描述了该区域地形地貌的三维空间分布。DTM 作为一种新兴的数字产品,与传统的矢量数据相辅相成,各领风骚,在空间分析和决策方面发挥着越来越大的作用。借助计算机和地理信息系统软件,DTM 数据可以用于建立各种各样的模型,解决一些实际问题。主要的应用有:按用户设定的等高距生成等高线图、透视图、坡度图、断面图、渲染图,与数字正射影像图(digital orthophoto map,DOM)复合生成景观图,或者计算特定物体对象的体积、表面覆盖面积等,还可用于空间复合、可达性分析、表面分析、扩散分析等方面。

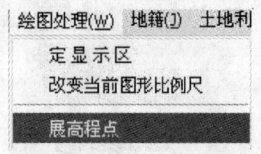

图 5-50 绘图处理下拉菜单

在使用 CASS 9.2 自动生成等高线时,应先建立 DTM。在这之前,可以先定显示区及展点。定显示区的操作与前文"点号定位法"作业流程中的定显示区操作相同,按要求输入文件名时找到"C:\CASS 9.2\DEMO\DGX.DAT"路径的数据文件。展点时可选择【展高程点】,如图 5-50 所示下拉菜单。

要求输入文件名时,在"C:\CASS 9.2\DEMO"路径下打开"DGX.DAT"文件;命令区提示输入注记高程点的距离(米),根据规范要求输入高程点注记距离(即注记高程点的密度),回车,默认为注记全部高程点的高程。这时,所有高程点和控制点的高程均自动展绘到图上。

(1) 移动鼠标至屏幕顶部菜单点击【等高线】,出现如图 5-51 所示的下拉菜单。

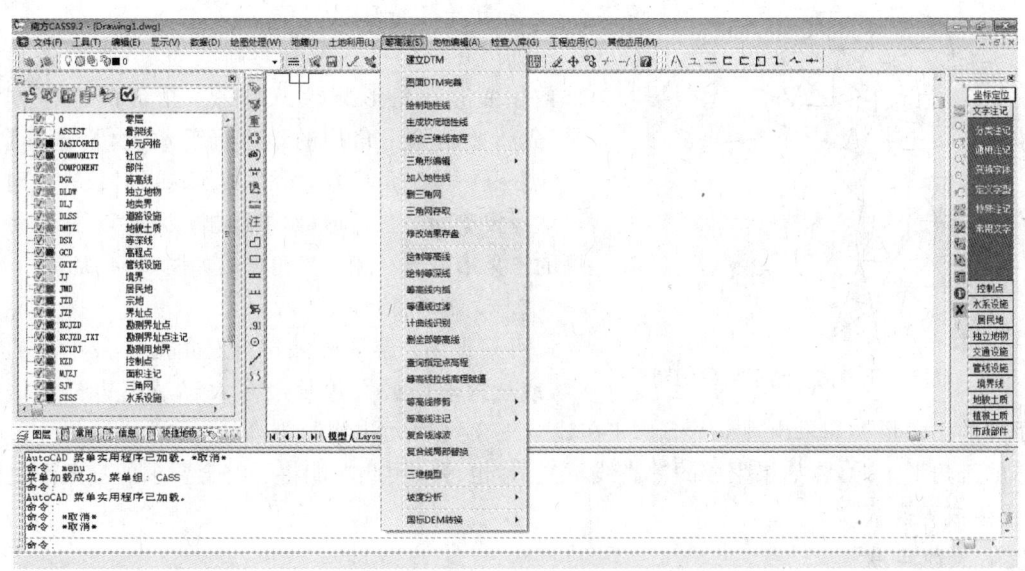

图 5-51 等高线下拉菜单

（2）移动鼠标至【建立 DTM】，该处以高亮度（深蓝）显示，按左键，出现如图 5-52 所示对话框。

首先选择建立 DTM 的方式，分为两种："由数据文件生成"和"由图面高程点生成"。如果选择"由数据文件生成"，则在坐标数据文件名中选择坐标数据文件；如果选择"由图面高程点生成"，则在绘图区选择参加建立 DTM 的高程点。然后选择结果显示方式，分为 3 种："显示建三角网结果""显示建三角网过程"和"不显示三角网"。最后选择在建立 DTM 的过程中是否考虑陡坎和地性线。

点击【确定】，生成如图 5-53 所示的三角网。

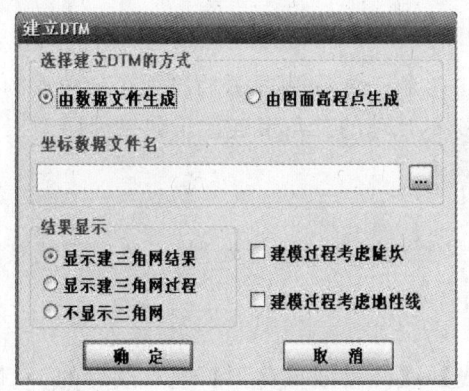

图 5-52 选择建模高程数据文件

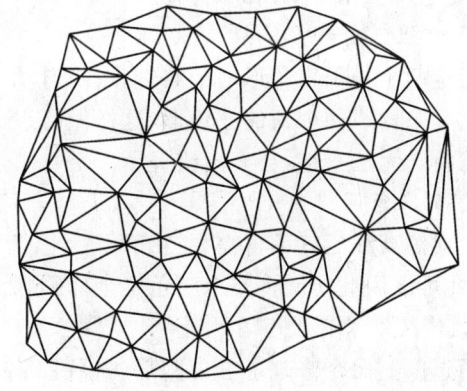

图 5-53 用 DGX.DAT 数据建立的三角网

（二）修改 DTM(修改三角网)

一般情况下，由于地形条件的限制，在外业采集的碎部点很难一次性生成理想的等高线，如楼顶上控制点。另外，还因现实地貌的多样性和复杂性，自动构成的 DTM 与实际地貌不太一致，这时可以通过修改三角网来修改这些局部不合理的地方。

1. 删除三角形

如果在某局部内没有等高线通过,则可将其局部内相关的三角形删除。删除三角形的操作方法是:先将要删除三角形的地方局部放大,再选择【等高线】→【删除三角形】,命令区提示选择对象。这时便可选择要删除的三角形,如果误删,可用"U"命令将误删的三角形恢复。删除三角形后如图 5-54 所示。

2. 过滤三角形

可根据用户需要输入符合三角形中最小角的度数,或三角形中最大边长最多大于最小边长的倍数

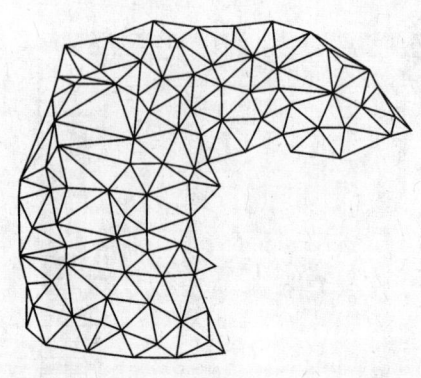

图 5-54　删除右下角的三角形后的三角网

等条件的三角形。如果出现 CASS 9.2 在建立三角网后无法绘制等高线,可过滤掉部分形状特殊的三角形。此外,如果生成的等高线不光滑,也可以用此功能将不符合要求的三角形过滤掉,再生成等高线。

3. 增加三角形

如果要增加三角形,可选择【等高线】→【增加三角形】,依照屏幕的提示在要增加三角形的地方用鼠标点取。如果点取的地方没有高程点,系统会提示输入高程。

4. 三角形内插点

选择此命令后,可根据提示输入要插入的点:在三角形中指定点(可输入坐标或用鼠标直接点取),命令区提示输入高程(米),则输入此点高程。通过此功能可将此点与相邻的三角形顶点相连构成三角形,同时原三角形会自动被删除。

5. 删三角形顶点

用此功能可将所有由该点生成的三角形删除。因为一个点会与周围很多点构成三角形,如果手工删除三角形,不仅工作量较大而且容易出错。这个功能常用在发现某一点坐标错误时,要将它从三角网中剔除的情况。

6. 重组三角形

指定两个相邻三角形的公共边,系统自动将这两个三角形删除,并将这两个三角形的另两点连接起来构成两个新的三角形,这样做可以改变不合理的三角形连接。如果因两个三角形的形状特殊无法重组,会有出错提示。

7. 删三角网

生成等高线后就不再需要三角网了,因为如果要对等高线进行处理,三角网就比较碍事了,因此可以用此功能将整个三角网全部删除。

8. 修改结果存盘

通过以上命令修改了三角网后,选择【等高线】→【修改结果存盘】,把修改后的 DTM 存盘。这样,绘制的等高线不会内插到修改前的三角形内①。当命令区显示"存盘结束!"时,表明操作成功。

(三)绘制等高线

完成上述准备操作后,便可进行等高线绘制。等高线的绘制可以在绘平面图的基础上叠

---

① 修改了三角网后一定要进行此步操作,否则修改无效。

加,也可以在新建图形的状态下绘制。如在新建图形状态下绘制等高线,系统会提示输入绘图比例尺。

用鼠标选择下拉菜单【等高线】→【绘制等高线】,弹出如图 5-55 所示对话框。

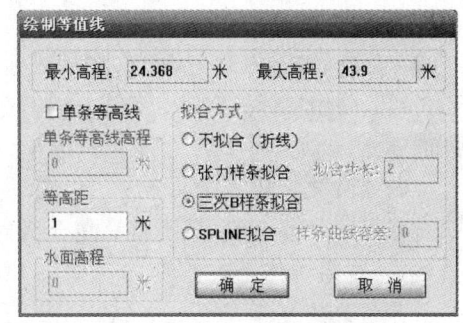

图 5-55 绘制等高线对话框

对话框中会显示参加生成 DTM 的高程点的最小高程和最大高程。如果只生成单条等高线,那么就在单条等高线高程中输入此条等高线的高程;如果生成多条等高线,则在等高距框中输入相邻两条等高线之间的等高距。最后选择等高线的拟合方式,总共有 4 种:"不拟合(折线)""张力样条拟合""三次 B 样条拟合"和"SPLINE 拟合"。观察等高线效果时,可输入较大等高距并选择不光滑,以加快速度。如选"张力样条拟合方法",则拟合步距以 2 m 为宜,但这时生成的等高线数据量比较大,速度会稍慢。测点较密或等高线较密时,最好选择"三次 B 样条拟合"方法,也可选择不光滑,稍后再用批量拟合功能对等高线进行拟合。选择"SPLINE 拟合"方法,即用标准 SPLINE 样条曲线来绘制等高线;命令区会提示输入样条曲线容差,容差是指曲线偏离理论点的允许差值,可回车。SPLINE 线的优点在于即使其被断开后仍然是样条曲线,可以进行后续编辑修改,缺点是较三次 B 样条拟合方法容易发生线条交叉现象。

当命令区显示"绘制完成!"时,便完成绘制等高线的工作,如图 5-56 所示。

(四)等高线的修饰

1. 注记等高线

用窗口缩放功能得到局部放大图,如图 5-57 所示,再选择【等高线】→【等高线注记】→【单个高程注记】。

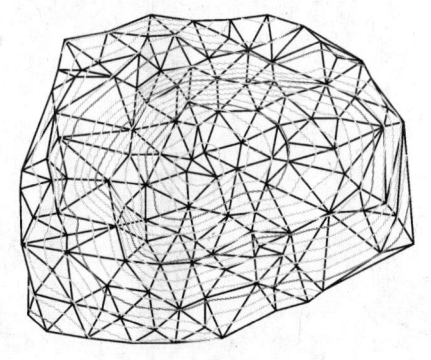

图 5-56 等高线绘制工作完成

2. 等高线修剪

左键点击【等高线】→【等高线修剪】→【批量修剪等高线】,弹出如图 5-58 所示对话框。

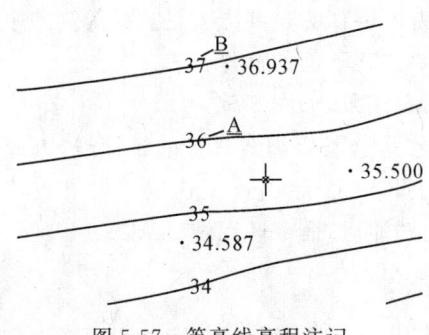

图 5-57 等高线高程注记

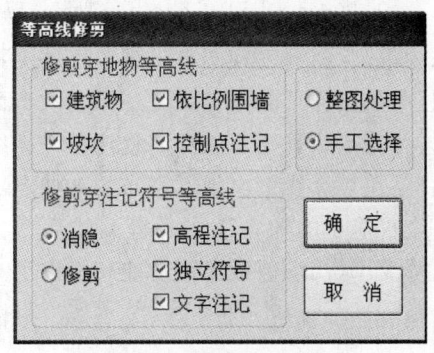

图 5-58 等高线修剪对话框

首先选择是消隐还是修剪等高线,然后选择是整图处理还是手工选择需要修剪的等高线,最后选择地物和注记符号,单击【确定】后会根据输入的条件修剪等高线。

3. 切除指定两线间等高线

命令区提示"选择第一条线",则用鼠标指定一条线,例如选择公路的一边;命令区提示"选择第二条线",则用鼠标指定第二条线,例如,选择公路的另一边。程序将自动切除等高线穿过此两线间的部分。

4. 切除指定区域内等高线

选择一封闭复合线,系统将该复合线内所有等高线切除。注意,封闭区域的边界一定要是复合线,否则系统将无法处理。

5. 等值线滤波

此功能可在很大程度上给绘制好等高线的图形文件减肥。一般的等高线都是用样条函数拟合的,这时虽然从图上看出来的节点数很少,但事实却并非如此。以高程为 38 m 的等高线为例说明,如图 5-59 所示。

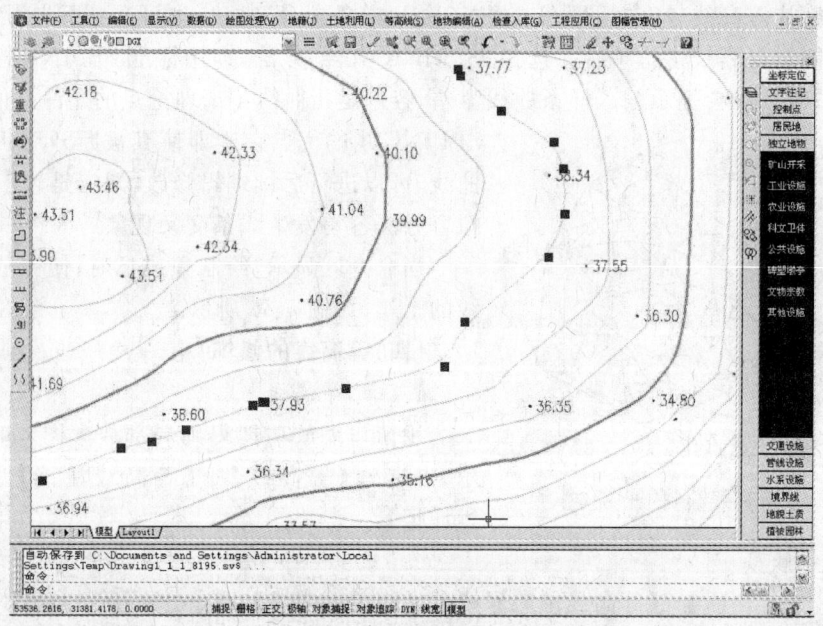

图 5-59 剪切前等高线夹持点

选中等高线,会发现图上出现了一些夹持点,千万不要认为这些点就是这条等高线上实际的点,这些只是样条的锚点。要还原它的真面目,需要进行下面的操作:

选择【等高线】→【切除穿高程注记等高线】,然后看结果,如图 5-60 所示。

这时,在等高线上出现了密布的夹持点,这些点才是这条等高线真正的特征点,因此如果看到一个很简单的图在生成了等高线后数据量变得非常大,原因就在这里。如果想将这幅图的尺寸变小,用等值线滤波功能就可以了。执行此功能后,命令区系统显示:

请输入滤波阈值:〈0.5 米〉

该值越大,精简的程度就越大,但是会导致等高线失真(即变形),因此,用户可根据实际需要选择合适的值。一般选系统默认的值就可以了。

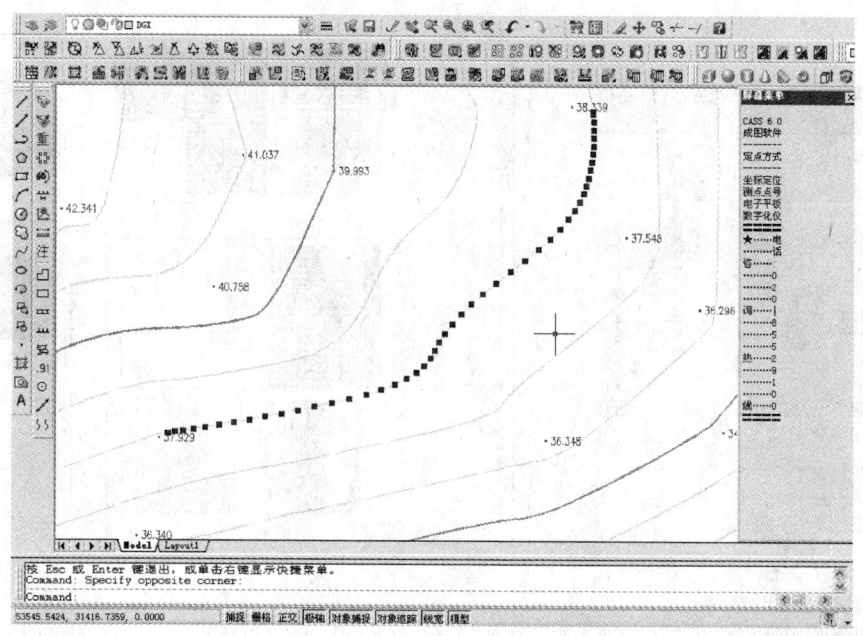

图 5-60 剪切后等高线夹持点

四、编辑与整饰

在大比例尺数字测图的过程中,由于实际地形、地物的复杂性,漏测、错测是难以避免的,这时必须要有一套功能强大的图形编辑系统,对所测地形图进行屏幕显示和人机交互图形编辑,在保证精度情况下消除相互矛盾的地形、地物,对于漏测或错测的部分,及时进行外业补测或重测。另外,地形图上的许多文字注记说明,如道路、河流、街道等也是很重要的。

图形编辑的另一重要用途是对大比例尺数字化地形图进行更新,可以借助人机交互图形编辑,根据实测坐标和实地变化情况,随时对地形图的地形、地物进行增加、删除或修改等,以保证地形图具有很好的现势性。

对于图形的编辑,CASS 9.2 提供"编辑"和"地物编辑"两种下拉菜单。其中,"编辑"菜单中是由 AutoCAD 提供的编辑功能(图元编辑、删除、断开、延伸、修剪、移动、旋转、比例缩放、复制、偏移拷贝等);"地物编辑"菜单中是由南方 CASS 系统提供的对地物编辑功能(线型换向、植被填充、土质填充、批量删剪、批量缩放、窗口内的图形存盘、多边形内图形存盘等)。

五、图幅整饰

选择【绘图处理】→【标准图幅(50×50 cm)】,显示如图 5-61 所示对话框。输入图幅的名字、邻近图名、批注,在左下角坐标的"东""北"两栏内输入相应坐标,例如此处输入 40 000,30 000,回车。在"删除图框外实体"前打钩则可删除图框外实体,按实际要求选择,例如此处选择打钩,最后用鼠标单击【确定】按钮即可。

因为 CASS 9.2 系统所采用的坐标系统是测量坐标,即 1∶1 的真坐标,加入 50 cm×50 cm 图廓后如图 5-62 所示。

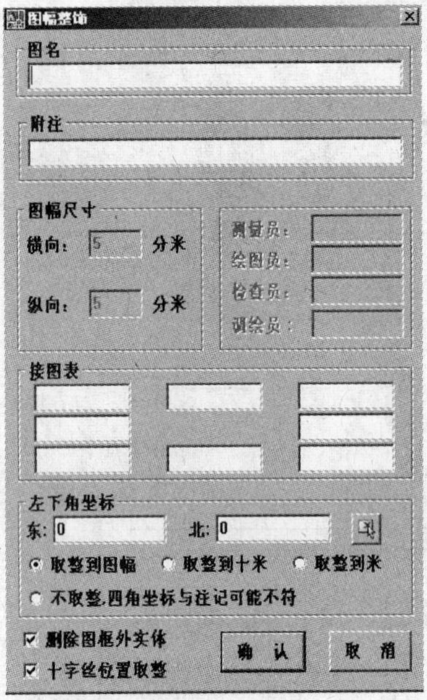

图 5-61 输入图幅信息

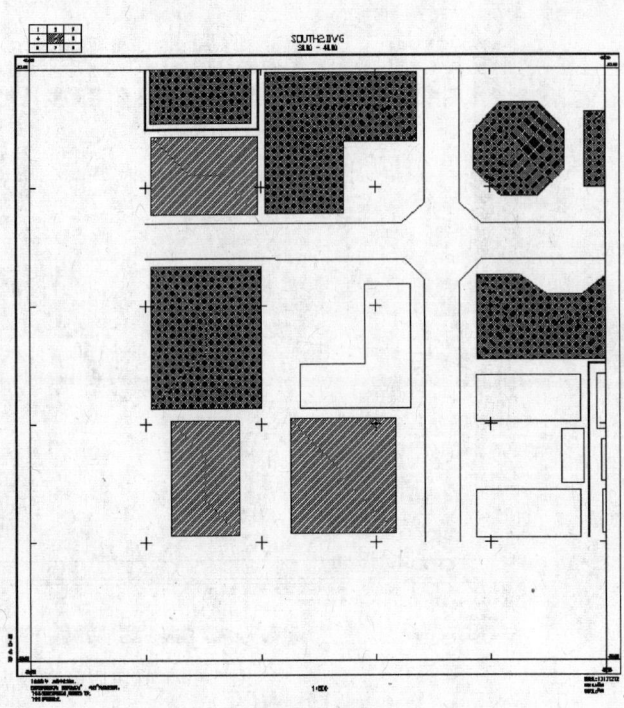

图 5-62 加入图廓的平面图

第六章 测量程序设计竞赛

测量程序设计是测绘工程专业学生所必备的基本能力。由于测绘专业所需知识的理论性很强,在程序设计时不仅需要很强的编程水平,还必须具备正确的测绘理论思维。2016年,全国第四届高等学校本科大学生测绘技能大赛首次增加了测量程序设计赛项,2018年的全国第五届高等学校本科大学生测绘技能大赛再次把测量程序设计作为一项重要赛项。赛项要求2名学生在6小时内完成数据读写、较复杂的测绘算法实现、用户界面设计等功能。竞赛圆满成功,取得了很好的效果。

§6-1 测量程序设计竞赛说明

一、测量程序设计内容

测量程序设计考查参赛队伍的文件读写、测绘算法实现、用户界面设计、开发文档撰写等能力。

(一)文件读写

(1)读文件:文本文件(*.txt)、二进制文件(*.bin)、表格文件(*.xls)、图像文件(*.jpg)等。

(2)写文件:文本文件(*.txt)、表格文件(*.xls)、AutoCAD文件、图像文件(*.jpg)等。

(二)测绘算法实现

在2016年和2018年测量程序设计竞赛中,给出了10个测量算法主题,如表6-1所示中的序号1至序号10,在未来的竞赛中,准备进一步拓展测绘算法题库。

表6-1 测绘算法选题

序号	主题	说明
1	坐标转换(包括直角坐标转换和高斯投影计算)	2016年试题
2	附合水准路线平差计算	2018年试题
3	附合导线近似平差计算	已进入试题库
4	大地主题正反算	已进入试题库
5	利用构建不规则三角网(TIN)进行体积计算	已进入试题库
6	利用构建规则格网(GRID)进行体积计算	已进入试题库
7	纵横断面计算	已进入试题库
8	道路曲线要素计算与里程桩计算	已进入试题库
9	三角高程平差计算	已进入试题库
10	空间前/后方交会计算	已进入试题库
11	坐标转换(不同坐标系,三参数、七参数)	备选试题
12	曲线拟合	备选试题
13	全站仪自由设站	备选试题

续表

序号	主题	说明
14	任意线路实测点偏差及其设计位置的确定	备选试题
15	伪距单点定位	备选试题
16	GNSS 高程拟合	备选试题
17	GPS 网平差计算	备选试题
18	水准网最小闭合环搜索算法	备选试题
19	采空区主断面变形量计算	备选试题
20	球面面积量算、面积分割及平差	备选试题

(三) 用户界面设计

(1) 人机交互功能设计：具备菜单、工具条、状态栏等交互功能，要求功能正确、布局合理、界面美观且人性化。

(2) 图形绘制：实现点、线、面、坐标轴、文字标注等功能。

(3) 计算报告显示：以表格或文本方式，显示计算成果的关键内容。

(四) 开发文档

开发文档内容包括：程序功能简介、算法设计与流程图、主要函数和变量说明、主要程序运行界面和使用说明。

二、测量程序设计的竞赛细则

(一) 比赛的组织与实施

(1) 每个参赛队 2 名选手参赛，规定竞赛时间不超过 6 h。竞赛委员会为每个队提供 2 台计算机。

(2) 在比赛开始前 15 min 入场，比赛开始 30 min 后不得入场比赛，比赛开始后 3 h 内不得交卷和离开考场。

(3) 开发平台为 Visual Studio 2015，编程语言限制为 VB、VC、C#，不允许使用二次开发平台（如 Matlab、AutoCAD、ArcGIS 等）。

(4) 竞赛开始时，通过局域网分发《试题册》、测试数据到各参赛选手的计算机，《试题册》由竞赛规则说明、试题（包含编程所需的所有数学公式）、测试数据参考答案三部分组成；竞赛开始 3 h 后分发测试数据。

(二) 比赛纪律

(1) 参赛选手凭竞赛标识牌和身份证进入考场，在指定机位就座参加考试。每个小组可以携带 1~3 支笔进入考场，除证件和笔之外，其他任何物品不得带入考场，特别是手机等通信设备、U 盘等存储设备，违规者取消比赛资格。

(2) 在竞赛中不得携带已有成果，不得使用上网工具，不同小组之间不能互换数据，一旦发现违规或作弊，本次成绩为零，并取消该参赛队伍所在学校（学院）下一次的参赛资格。

(3) 考试过程中，在小组内部通过书面方式和 U 盘进行信息交流。不同小组之间不能进行信息交流，一旦发现违规将取消所有参与交流小组的参赛队的考试成绩。

(4) 在程序源代码、可执行文件、成果输出文件、开发文档等提交的成果中不得出现参赛编号、学校信息或参赛队员信息，出现相关信息者，扣 20 分。

(三)成果内容
(1)程序源代码。
(2)可执行文件。
(3)计算成果(计算报告、DXF 文件等)。
(4)开发文档。
将以上文件打包成一个压缩文件,文件名为参赛编号,如 C101.zip。

(四)成果提交方式
同时采用以下两种方式提交成果文件。
(1)拷贝到竞赛委员会发放的 U 盘中,提交 U 盘。
(2)通过局域网提交,具体方式详见《试题册》的竞赛规则。

(五)无效成果认定
有以下任何情况之一,成果将被认定为无效:
(1)比赛中携带了手机等具有通信功能的工具,自带 U 盘等具有存储功能的设备。
(2)不同参赛小组之间进行了信息交流。
(3)缺少开发文档。

三、测量程序设计成绩评定

(一)成绩评定方法
总成绩为 100 分,其中竞赛用时 30 分,程序设计质量 70 分。
竞赛用时成绩计算方法为

$$S_i = 30\left(1 - 0.4\frac{T_i - T_1}{T_n - T_1}\right)$$

式中,T_i 为第 i 组竞赛实际用时,T_1 为用时最少且达到有效标准的参赛队伍的时间,T_n 为所有参赛队中用时最多的时间。

(二)评判流程
(1)由加密裁判对学生成果文件重新编号,形成以加密组号为名称的新文件。
(2)将加密后的新文件分发给 3 名评分裁判,进行独立的程序设计质量评分。当 3 名评分裁判的评分差值在 2 分以内,质量总分取 3 名评分裁判的加权平均;当评分裁判的评分差值超过 2 分,提交裁判组,进行集体讨论,确定分值。
(3)时间评分由程序自动评分和人工评分分别进行统计计算。
(4)由加密裁判将加密成果文件的质量评分解密,得出参赛队伍的质量评分,并对时间评分和程序质量评分进行汇总计算。
(5)裁判长进行审核后,发布竞赛成绩。

(三)评分依据
在考试试题生成时,同步生成"评分标准与参考答案"文件和"裁判评分表","评分标准与参考答案"包含程序设计比赛评分标准、参考样例图和计算报告参考答案等内容。
质量评分裁判根据"评分标准与参考答案"进行评分。

§6-2 样题:坐标转换

空间位置可以表示为大地坐标、空间直角坐标和高斯平面坐标等多种格式,通过坐标转换进行不同表示格式之间的转换。本题考查:大地坐标(B,L,H)与空间直角坐标(X,Y,Z)之间的相互转换;大地坐标(B,L)与平面坐标(X,Y)之间的转换。

一、数据文件读取(5分)

编写程序,读取"坐标数据.txt"文件,数据内容和格式如表6-2所示。

表6-2 数据内容和数据格式

数据内容	数据格式
a,6378137.000 1/f,298.3 L0,111	长半轴 a,数值 扁率倒数 1/f,数值 中央子午线经度 L0,数值
Q71,36.082771,109.191366,33.025 P91,33.445550,110.154237,85.906 Q42,38.372964,108.023609,53.323 Q34,39.305664,111.361612,58.386 B99,37.264007,108.385066,57.617 A89,37.371094,112.321633,82.713 P90,36.035483,111.145753,55.860 P60,33.334965,109.295619,96.801 Q89,35.411290,112.303315,56.113 P72,36.456890,112.47257,66.878 A05,38.085189,109.182573,47.183 A46,35.221248,110.24663,52.175 Q03,36.182447,112.254924,26.659	点名,纬度 B(dd. mmssssss),经度 L(dd. mmssssss),椭球高 H(米)

注:格式 dd 表示度(dd°),mm 表示分(mm′),ssssss 表示秒(ss.ssss″)。

二、算法实现(60分)

(一)地球椭球基本公式(5分)

地球椭球是地球的数学代表,是由椭圆绕其短半轴旋转而成的几何形体。用 a 表示椭球长半轴,b 表示椭球短半轴。椭球扁率 f、椭球第一偏心率平方 e^2 和椭球第二偏心率平方 e'^2 的计算公式为

$$\begin{cases} f = \dfrac{a-b}{a} \\ e^2 = \dfrac{a^2-b^2}{a^2} \\ e'^2 = \dfrac{e^2}{1-e^2} \end{cases} \tag{6-1}$$

辅助计算公式为

$$\begin{cases} W = \sqrt{1 - e^2 \sin^2 B} \\ \eta^2 = e'^2 \cos^2 B \\ t = \tan B \end{cases} \quad (6\text{-}2)$$

式中，B 为纬度。

卯酉圈的曲率半径 N、子午圈曲率半径 M 和子午圈赤道处的曲率半径 M_0 为

$$\begin{cases} N = \dfrac{a}{W} \\ M = \dfrac{a(1-e^2)}{W^3} \\ M_0 = a(1-e^2) \end{cases} \quad (6\text{-}3)$$

(二) 大地坐标 (B, L, H) 转换为空间坐标 (X, Y, Z)（5 分）

如图 6-1 所示，已知点 P 的大地坐标 (B, L, H)，计算其空间直角坐标 (X, Y, Z)，计算公式为

$$\begin{cases} X = (N + H) \cos B \cos L \\ Y = (N + H) \cos B \sin L \\ Z = (N(1-e^2) + H) \sin B \end{cases} \quad (6\text{-}4)$$

式中，B 为纬度、L 为经度、H 为椭球高，X、Y、Z 为空间直角坐标系的三个分量。

要求：

(1) 用"坐标数据.txt"文件中的 (B, L, H) 数据进行计算。

(2) 计算结果输出到计算报告中。

(3) 计算结果插入表格中。

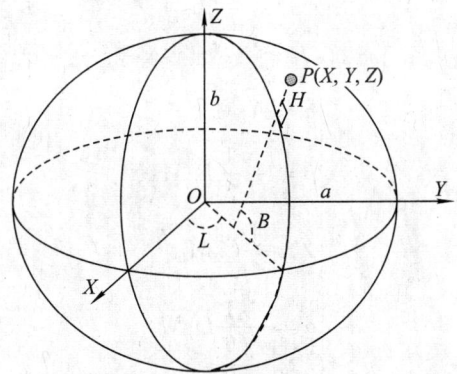

图 6-1 大地坐标与空间直角坐标

(三) 空间直角坐标 (X, Y, Z) 转换为大地坐标 (B, L, H)（10 分）

已知空间直角坐标 (X, Y, Z)，计算其大地坐标 (B, L, H)，计算公式为

$$\begin{cases} L = \arctan\left(\dfrac{Y}{X}\right) \\ B = \arctan\left(\dfrac{Z + Ne^2 \sin B}{\sqrt{X^2 + Y^2}}\right) \\ H = \dfrac{\sqrt{X^2 + Y^2}}{\cos B} - N \end{cases} \tag{6-5}$$

式中，X、Y、Z 为空间直角坐标系的三个分量，B 为纬度、L 为经度、H 为椭球高。

要求：

(1)用"大地坐标(B,L,H)转换为空间直角坐标(X,Y,Z)"中的计算结果(X,Y,Z)，令 $X = X + 1\,000, Y = Y + 1\,000, Z = Z + 1\,000$，将增加 1 000 后的值作为起算数据进行计算。

(2)计算结果输出到计算报告中。

(四)高斯投影正算(20 分)

已知大地坐标(B,L)，计算其平面坐标(X,Y)。

1. 子午弧长计算公式

$$\begin{cases} A_c = 1 + \dfrac{3}{4}e^2 + \dfrac{45}{64}e^4 + \dfrac{175}{256}e^6 + \dfrac{11\,025}{16\,384}e^8 + \dfrac{43\,659}{65\,536}e^{10} \\ B_c = \dfrac{3}{4}e^2 + \dfrac{15}{16}e^4 + \dfrac{525}{512}e^6 + \dfrac{2\,205}{2\,048}e^8 + \dfrac{72\,765}{65\,536}e^{10} \\ C_c = \phantom{1 + \dfrac{3}{4}e^2 + } \dfrac{15}{64}e^4 + \dfrac{105}{256}e^6 + \dfrac{2\,205}{4\,096}e^8 + \dfrac{10\,395}{16\,384}e^{10} \\ D_c = \phantom{1 + \dfrac{3}{4}e^2 + \dfrac{15}{16}e^4 + } \dfrac{35}{512}e^6 + \dfrac{315}{2\,048}e^8 + \dfrac{31\,185}{131\,072}e^{10} \\ E_c = \phantom{1 + \dfrac{3}{4}e^2 + \dfrac{15}{16}e^4 + \dfrac{525}{512}e^6 + } \dfrac{315}{16\,384}e^8 + \dfrac{3\,465}{65\,536}e^{10} \\ F_c = \phantom{1 + \dfrac{3}{4}e^2 + \dfrac{15}{16}e^4 + \dfrac{525}{512}e^6 + \dfrac{315}{16\,384}e^8 + } \dfrac{693}{131\,072}e^{10} \end{cases} \tag{6-6}$$

$$\begin{cases} \alpha = A_c M_0 \\ \beta = -\dfrac{1}{2}B_c M_0 \\ \gamma = \dfrac{1}{4}C_c M_0 \\ \delta = -\dfrac{1}{6}D_c M_0 \\ \varepsilon = \dfrac{1}{8}E_c M_0 \\ \zeta = -\dfrac{1}{10}F_c M_0 \end{cases} \tag{6-7}$$

子午弧长为

$$\begin{aligned} X = \alpha B &+ \beta \sin(2B) + \gamma \sin(4B) + \delta \sin(6B) \\ &+ \varepsilon \sin(8B) + \zeta \sin(10B) \end{aligned} \tag{6-8}$$

2. 经差计算公式

$$l = L - L_0 \tag{6-9}$$

式中，l 为经差，L 为待求点点位的大地经度，L_0 为中央子午线经度。

3. 计算辅助量

$$\begin{cases} a_0 = X \\ a_1 = N\cos B \\ a_2 = \dfrac{1}{2} N\cos^2 B\, t \\ a_3 = \dfrac{1}{6} N\cos^3 B (1 - t^2 + \eta^2) \\ a_4 = \dfrac{1}{24} N\cos^4 B (5 - t^2 + 9\eta^2 + 4\eta^4)\, t \\ a_5 = \dfrac{1}{120} N\cos^5 B (5 - 18t^2 + t^4 + 14\eta^2 - 58\eta^2 t^2) \\ a_6 = \dfrac{1}{720} N\cos^6 B (61 - 58t^2 + t^4 + 270\eta^2 - 330\eta^2 t^2)\, t \end{cases} \tag{6-10}$$

4. 高斯投影正算公式

$$\begin{cases} X = a_0 l^0 + a_2 l^2 + a_4 l^4 + a_6 l^6 \\ Y = a_1 l^1 + a_3 l^3 + a_5 l^5 \end{cases} \tag{6-11}$$

要求：

(1) 用"坐标数据.txt"文件中的 (B, L) 数据进行计算。

(2) 不用考虑带号，计算结果中 Y 坐标加 500 km。

(3) 计算结果输出到计算报告中。

(4) 计算结果插入表格中。

(五)高斯投影反算(20 分)

已知高斯平面坐标 (X, Y) 计算大地坐标 (B, L)。

1. 计算底点纬度

令 $X = x$，$B_0 = \dfrac{X}{\alpha}$，通过迭代计算底点纬度 B_f，计算公式为

$$\begin{cases} B_f = \dfrac{X - \Delta}{\alpha} \\ \Delta = \beta \sin(2B_0) + \gamma \sin(4B_0) + \delta \sin(6B_0) + \varepsilon \sin(8B_0) + \zeta \sin(10B_0) \end{cases} \tag{6-12}$$

式中，$\alpha, \beta, \gamma, \delta, \varepsilon, \zeta$ 的值见式(6-7)。

在每次计算结束后，判断当 $|B_f - B_0| \leqslant \varepsilon$（程序中取 $\varepsilon = 0.000\,000\,01$）时，停止计算；否则，令 $B_0 = B_f$ 继续迭代计算，直到满足条件。

2. 计算辅助量

$$\begin{cases} b_0 = B_f \\ b_1 = \dfrac{1}{N_f \cos B_f} \\ b_2 = -\dfrac{t_f}{2M_f N_f} \\ b_3 = -\dfrac{1 + 2t_f^2 + \eta_f^2}{6N_f^2} b_1 \\ b_4 = -\dfrac{5 + 3t_f^2 + \eta_f^2 - 9\eta_f^2 t_f^2}{12N_f^2} b_2 \\ b_5 = -\dfrac{5 + 28t_f^2 + 24t_f^4 + 6\eta_f^2 + 8\eta_f^2 t_f^2}{120N_f^4} b_1 \\ b_6 = \dfrac{61 + 90t_f^2 + 45t_f^4}{360N_f^4} b_2 \end{cases} \tag{6-13}$$

式中,N_f、η_f^2、M_f、t_f 是将 B_f 代入式(6-2)、式(6-3)的计算结果。

3. 计算 (B, L)

$$\begin{cases} B = b_0 y^0 + b_2 y^2 + b_4 y^4 + b_6 y^6 \\ L = b_1 y^1 + b_3 y^3 + b_5 y^5 + L_0 \end{cases} \tag{6-14}$$

式中,L_0 为中央子午线经度。

要求:

(1)用"高斯投影正算"中的计算结果 (X, Y),令 $X = X + 1000$,$Y = Y + 1000$,作为起算数据进行计算。

(2)计算结果输出到计算报告中。

(3)在计算时不用考虑带号。

三、用户界面设计(25 分)

(一)人机交互界面设计与实现(10 分)

要求:

(1)包括菜单、工具条、表格、图形(显示、放大、缩小)和文本等功能。

(2)功能正确、可正常运行,布局合理、界面美观且人性化。

(3)在开发文档与报告中,给出 1 至 2 张相关的界面截图。

(二)计算报告的显示与保存(5 分)

要求:

(1)将相关统计信息、计算报告在用户界面中显示。

(2)保存为文本文件(*.txt)。

(3)在开发文档与报告中,给出 1 张有计算报告显示界面的截图,并给出 1 张用附件中的"记事本"打开保存文档的截图。

(三)图形绘制并保存(10 分)

1. 图形绘制

要求：

(1)以高斯投影正算的计算结果(X,Y)进行图形绘制，以Y为横坐标，X为纵坐标，绘制散点图。

(2)在开发文档与报告中，给出 1 张用图形显示界面的截图。

2. 图形文件保存

要求：

(1)将"图形绘制"的图形保存为 DXF 格式的文件。

(2)在开发文档与报告中，给出 1 张用 CAD 打开的保存图形文件的界面截图。

四、开发文档与报告(10 分)

内容包括：

(1)程序功能简介。

(2)算法设计与流程图。

(3)主要函数和变量说明。

(4)主要程序运行界面。

(5)使用说明。

五、评分标准

评分标准见表 6-3。

表 6-3 评分标准

内容	分值
1. 人机交互界面设计与实现：菜单(2分)；工具条(2分)；表格显示(2分)；图形显示(2分)；文本显示(2分)	10 分
2. 读取观测数据到表格中	5 分
3. 椭球基本公式	5 分
4. 大地坐标(B,L,H)转换为空间直角坐标(X,Y,Z)	5 分
5. 高斯投影正算：子午弧长计算公式(5分)；经度差计算公式(5分)；计算辅助量(5分)；高斯投影正算公式(10分)	25 分
6. 高斯投影反算：计算底点纬度(5分)；计算辅助量(5分)；计算(B,L)(5分)	15 分
7. 计算报告的显示与保存：在用户界面中显示(3分)；保存为文档(2分)	5 分
8. 图形绘制并保存：图形绘制(5分)；图形文件保存(5分)	10 分
9. 开发文档与报告：功能简介(2分)；算法设计与流程图(2分)；主要函数和变量说明(2分)；主要程序运行界面(2分)；使用说明(2分)	10 分

§6-3 样题:附合水准路线平差计算

一、评分规则

评分规则见表6-4。

表6-4 评分规则

评测内容	评分细则及标准
程序正确性 (30分)	测站数据计算(7分)
	测站超限检查(2分)
	水准路线闭合高差计算(2分)
	高差改正数计算(5分)
	采用伴随矩阵法求逆(3分)
	矩阵相乘(1分)
	矩阵转置(1分)
	建立误差方程(3分)
	间接平差(4分)
	计算改正后的坐标(2分)
程序完整与 规范性(15分)	数据读取正确(4分)
	计算报告显示与保存功能齐全(4分)
	程序结构完整(主要是函数与类结构)、设计清晰(3分)
	注释规范(2分)
	类、函数和变量命名规范(2分)
程序优化性 (15分)	人机交互界面设计(5分)
	图形绘制并保存(8分)
	容错性、稳健性好(2分)
开发文档 (10分)	程序功能简介(2分)
	算法设计与流程图(2分)
	主要函数和变量说明(2分)
	主要程序运行界面(2分)
	使用说明(2分)
完成时间 (30分)	$S = 30\left(1 - 0.4\dfrac{T_i - T_1}{T_n - T_1}\right)$ (其中,T_1、T_i、T_n 分别表示第1组、第i组和最后一组提交的时间)

二、算法实现

(一)数据记录与测站检查

1. 水准测量数据记录

对于利用数字水准仪测量的数据,可以采用表6-5所示记录手簿进行检核,表中(1)至(4)是后视一前视读数,分别为后距、后视中丝、前距、前距中丝读数;(5)至(8)是前视一后视读数,分别为前距、前距中丝、后距、后视中丝读数。

表 6-5　水准测量的观测记录与数据检查手簿

测站编号	后视点名	后距 1	后距 2		后视中丝 1	后视中丝 2	后视中丝差	
	前视点名	前距 1	前距 2	距离差 d	前视中丝 1	前视中丝 2	前视中丝差	
	后-前	距离差 1	距离差 2	Σd	高差 1	高差 2	中丝差	高差
		(1)	(7)		(2)	(8)	(10)	
		(3)	(5)	(14)	(4)	(6)	(9)	
		(12)	(13)	(15)	(16)	(17)	(11)	(18)
1	P24	106.496 5	106.498 2		0.818 7	0.817 5	0.001 2	
	转点 1	103.713 0	103.713 8	2.784 0	1.077 6	1.075 9	0.001 7	
	后-前	2.783 5	2.784 4	2.784 0	-0.258 9	-0.258 4	-0.000 5	-0.258 7

说明：采用数字水准仪测量时，无须进行上丝和下丝读数，表中的设计省略了相关部分，与传统的三（四）等水准测量观测手簿有所不同。

2．测站数据计算

对每一站的测量结果需要进行检验，只有当检验通过之后，才能进行下一站的测量。在表 6-5 中第(9)至(18)是计算数据。

表中(9)至(11)是高差部分，其中(9)是前视标尺的黑红面读数（或两次读数）之差，(10)是后视标尺的黑红面读数（或两次读数）之差，(11)是黑红面所测的高差，计算方法为

(9)=(4)-(6)

(10)=(2)-(8)

(11)=(10)-(9)

表中(9)至(11)是视距部分，其中(12)是后视距离之差，(13)是前视距离之差，(14)是前后视距差，(15)为前后视距累计差，计算公式为

(12)=(1)-(3)

(13)=(7)-(5)

(14)=[(12)+(13)]/2

(15)=本站的(14)+前站的(15)

表(16)为黑面所得到的高差，(17)是红面所得到的高差，(18)是本站高差，计算公式为

(16)=(2)-(4)

(17)=(8)-(6)

(18)=[(16)+(17)]/2

说明：①在计算报告中输出如表 6-5 所示的水准测量记录与水准检查成果。②上述内容在表格中显示。

3．测站超限检查

如果测站上有关观测限差超限，在本站检查发现后可立即重测。若迁站后才检查发现，则应该从水准点或间歇点起重新观测。三、四等水准测量作业限差如表 6-6 所示。

表 6-6　三、四等水准测量作业限差

等级	三等	四等
仪器类型	S3	S3
标准视线长度/m	65	80
后前视距差/m	3.0	5.0
后前视距差累计/m	6.0	10.0
黑红面读数差/mm	2.0	3.0
黑红面所测高差之差/mm	3.0	5.0
监测间歇点高程之差/mm	3.0	5.0

说明：对每站进行限差统计并输出，与表 6-6 中四等作业限差进行比较，在计算报告中给出是否超限的说明。

(二)附合水准路线的近似平差计算公式

1. 水准路线闭合高差计算

附合水准路线是水准测量中的常用方法，如图 6-2 所示。图中 A、B 高程分别为 H_A、H_B，测量得到高差依次为 $h_1, h_2, \cdots, h_n$，相应的距离为 $L_1, L_2, \cdots, L_n$。

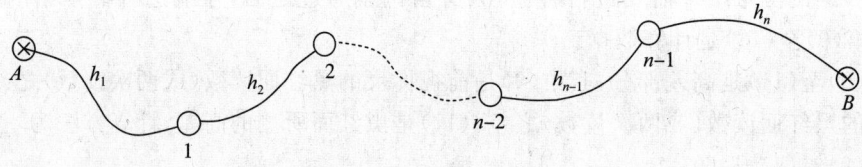

⊗ 已知点　○ 待测点

图 6-2　附合水准路线示意

计算水准路线的高程闭合差 f_h，即

$$f_h = \sum_{i=1}^{n} h_i - (H_B - H_A) \tag{6-15}$$

说明：在计算报告中输出高程闭合差，小数点后保留 3 位数值。

2. 高差改正数计算

计算各段高差改正数 v_i，即

$$v_i = -\frac{f_h}{\sum_{i=1}^{n} L_i} L_i \tag{6-16}$$

计算各测段观测高差的平差值 $\bar{h}_i$ 和待定点高程平差值 H_i，即

$$\begin{cases} \bar{h}_i = h_i + v_i \\ H_i = H_A + \bar{h}_1 + \cdots + \bar{h}_i \end{cases} \tag{6-17}$$

说明：①在计算报告中输出各测段观测高差改正数 v_i 和距离 L_i，小数点后保留 3 位数值。②在计算报告中输出待定点的高差平差值 H_i，小数点后保留 3 位数值。

(三)矩阵运算

设 $\boldsymbol{A} = (a_{ij})$ 是 $n \times n$ 的矩阵，即

$$\boldsymbol{A} = \begin{bmatrix} a_{11} & a_{12} & \cdots & a_{1n} \\ a_{21} & a_{22} & \cdots & a_{2n} \\ \vdots & \vdots & & \vdots \\ a_{n1} & a_{n2} & \cdots & a_{nn} \end{bmatrix} \tag{6-18}$$

1. 采用伴随矩阵法求逆

$\boldsymbol{A}$ 的逆矩阵计算公式为

$$\boldsymbol{A}^{-1} = \frac{1}{\det(\boldsymbol{A})} \boldsymbol{A}^* = \frac{1}{\det(\boldsymbol{A})} \begin{bmatrix} A_{11} & A_{12} & \cdots & A_{1n} \\ A_{21} & A_{22} & \cdots & A_{2n} \\ \vdots & \vdots & & \vdots \\ A_{n1} & A_{n2} & \cdots & A_{nn} \end{bmatrix} \tag{6-19}$$

其中,$\boldsymbol{A}^*$ 为 $\boldsymbol{A}$ 的伴随矩阵,$A_{ji} = (-1)^{i+j} M_{ij}$,其中 M_{ij} 为余子式,计算公式为

$$M_{ij} = \begin{vmatrix} a_{11} & \cdots & a_{1,j-1} & a_{1,j+1} & \cdots & a_{1n} \\ \vdots & & \vdots & \vdots & & \vdots \\ a_{i-1,1} & \cdots & a_{i-1,j-1} & a_{i-1,j+1} & \cdots & a_{i-1,n} \\ a_{i+1,1} & \cdots & a_{i+1,j-1} & a_{i+1,j+1} & \cdots & a_{i+1,n} \\ \vdots & & \vdots & \vdots & & \vdots \\ a_{n1} & \cdots & a_{n,j-1} & a_{n,j+1} & \cdots & a_{nn} \end{vmatrix} \tag{6-20}$$

$$\det(\boldsymbol{A}) = \begin{cases} \sum_{i=1}^{n} a_{1,i} \det(\boldsymbol{A}_{1,i}), & 2 \leqslant n \\ a_{1,1}, & n = 1 \end{cases}$$

说明:对数据文件中的 $\boldsymbol{A}$ 矩阵,进行求逆,将计算结果在计算报告中输出,小数点后保留 3 位数值。

2. 矩阵相乘

设 $\boldsymbol{A} = (a_{ij})$ 是一个 $m \times s$ 的矩阵,$\boldsymbol{B} = (b_{ij})$ 是一个 $s \times n$ 的矩阵,矩阵 $\boldsymbol{A}$ 与矩阵 $\boldsymbol{B}$ 的乘积是一个 $m \times n$ 的矩阵 $\boldsymbol{C} = (c_{ij})$,其中有

$$\begin{aligned} c_{ij} &= \sum_{k=1}^{s} a_{ik} b_{kj} \\ &= a_{i1} b_{1j} + a_{i2} b_{2j} + \cdots + a_{is} b_{sj} \quad (i=1,2,\cdots,m; j=1,2,\cdots,n) \end{aligned} \tag{6-21}$$

说明:对数据文件中的 $\boldsymbol{A}$ 矩阵和 $\boldsymbol{B}$ 矩阵,进行相乘运算,将计算结果在计算报告中输出,小数点后保留 3 位数值。

3. 矩阵转置

设 $\boldsymbol{A} = (a_{ij})$ 是一个 $m \times n$ 的矩阵,$\boldsymbol{A}$ 的转置为 $n \times m$ 的矩阵 $\boldsymbol{A}^\mathrm{T} = (a_{ji})$。

说明:对数据文件中的 $\boldsymbol{A}$ 矩阵,进行转置运算,将计算结果在计算报告中输出,小数点后保留 3 位数值。

(四)附合水准路线的间接平差

使用近似平差后的高程值作为近似高程坐标,得到测站数据计算中的(18)关于以未知点的高程作为参数的方程,然后建立误差方程、法方程,进行间接平差。

1. 建立误差方程

针对本题的水准路线,建立误差方程为

$$\begin{bmatrix} v_1 \\ v_2 \\ \vdots \\ v_{n-1} \\ v_n \end{bmatrix} = \begin{bmatrix} \hat{x}_1 \\ -\hat{x}_1 + \hat{x}_2 \\ \vdots \\ -\hat{x}_{n-2} + \hat{x}_{n-1} \\ -\hat{x}_{n-1} \end{bmatrix} - \begin{bmatrix} h_1 + H_A - X_1^0 \\ h_2 + X_1^0 - X_2^0 \\ \vdots \\ h_{n-1} + X_{n-2}^0 - X_{n-1}^0 \\ X_{n-1}^0 - H_B + h_n \end{bmatrix} \tag{6-22}$$

其中

$$X = \begin{bmatrix} \hat{x}_1 \\ \hat{x}_2 \\ \vdots \\ \hat{x}_{n-2} \\ \hat{x}_{n-1} \end{bmatrix}$$

式中,v_i 为高差 h_i 的改正数,$\hat{x}_i$ 为第 i 个点高程平差值,X_i^0 为第 i 个点的高程近似值。

说明:在计算报告中输出 L 矩阵,小数点后保留 6 位数值。

2. 间接平差

取 10 km 的观测高差为单位权观测,即按 $P_i = \dfrac{C}{S_i} = \dfrac{10}{S_i}$ 定权,得到观测值的权矩阵为

$$P = \begin{bmatrix} P_1 & & 0 \\ & \ddots & \\ 0 & & P_n \end{bmatrix} \tag{6-23}$$

组成法方程为

$$B^\mathrm{T} P B \hat{x} = B^\mathrm{T} P L \tag{6-24}$$

令 $N = B^\mathrm{T} P B$,得到最小二乘解为

$$\hat{x} = (B^\mathrm{T} P B)^{-1} B^\mathrm{T} P L = N^{-1} B^\mathrm{T} P L \tag{6-25}$$

说明:在计算报告中输出 $\hat{x}$、N^{-1},小数点后保留 6 位数值。

3. 计算改正后的高程

根据计算结果计算改正后的高程。

说明:在计算报告中输出改正后的高程,小数点后保留 3 位数值。

三、数据文件读取和计算报告输出

(一)数据文件读取

编程读取"正式数据.txt"文件,数据内容如表 6-7 所示。

表 6-7 数据内容

```
P96,248.197
P47,246.980

P96,-1,59.1975,0.6581,59.1216,0.8432,59.1195,0.8416,59.1958,0.6564
```

续表

```
-1,-1,59.2505,0.6596,59.1746,0.8251,59.1726,0.8235,59.2488,0.6580
-1,Q08,59.3032,0.6611,59.2273,0.8072,59.2253,0.8057,59.3016,0.6595
Q08,-1,59.3554,0.6625,59.2795,0.7899,59.2776,0.7885,59.3539,0.6610
-1,-1,59.4070,0.6639,59.3311,0.7734,59.3293,0.7720,59.4055,0.6624
-1,-1,59.4579,0.6651,59.3820,0.7577,59.3802,0.7564,59.4565,0.6638
-1,B42,59.5079,0.6664,59.4320,0.7430,59.4303,0.7418,59.5066,0.6651
B42,-1,59.5570,0.6675,59.4811,0.7295,59.4794,0.7284,59.5557,0.6662
-1,-1,59.6050,0.6685,59.5291,0.7174,59.5274,0.7163,59.6037,0.6673
-1,-1,59.6517,0.6694,59.5758,0.7067,59.5743,0.7056,59.6506,0.6682
-1,A44,59.6973,0.6701,59.6214,0.6975,59.6198,0.6965,59.6961,0.6690
A44,-1,59.7414,0.6707,59.6655,0.6900,59.6640,0.6890,59.7403,0.6697
-1,-1,59.7841,0.6712,59.7082,0.6842,59.7068,0.6832,59.7831,0.6702
-1,-1,59.8254,0.6715,59.7495,0.6801,59.7481,0.6792,59.8243,0.6705
-1,B78,59.8652,0.6717,59.7893,0.6779,59.7879,0.6770,59.8641,0.6707
B78,-1,59.9035,0.6718,59.8276,0.6775,59.8261,0.6766,59.9024,0.6707
-1,-1,59.9402,0.6716,59.8643,0.6790,59.8629,0.6780,59.9392,0.6706
-1,-1,59.9755,0.6714,59.8996,0.6823,59.8981,0.6813,59.9744,0.6703
-1,P47,60.0093,0.6709,59.9334,0.6873,59.9319,0.6863,60.0082,0.6699

1,3
3,4

1,3,2
2,4,5
```

数据格式说明,如表 6-8 所示。

表 6-8 数据格式说明

| 点名,已知高程 |
| 点名,已知高程 |
| 起点,终点,后视距离,后视中丝读数,前视距离,前视中丝读数,前视距离,前视中丝读数,后视距离,后视中丝读数(当点名为 -1 时表示转点) |
| 矩阵 A(用于矩阵求逆和转置的测试) |
| 矩阵 B(用于矩阵乘积测试) |

(二)计算报告的显示与保存

说明:①将相关统计信息、计算报告在用户界面中显示,在开发文档给出 1 张相关截图。②保存为文本文件(* .txt),并将计算结果的全部内容插入开发文档中。

四、程序优化

(一)人机交互界面设计与实现

要求:

(1)包括菜单、工具条、表格、图形(显示)、文本等功能,要求功能正确、可正常运行,布局合理、界面美观且人性化。

(2)在开发文档中,给出1~2张相关的界面截图。

(二)图形绘制、并保存

1. 图形绘制

要求:

(1)以到第一个基准点的距离为 X 坐标,高程作为 Y 坐标。

(2)在开发文档中,给出1张用图形显示界面的截图。

2. 图形文件保存

要求:

(1)将"图形绘制"的图形保存为 DXF 格式的文件。

(2)在开发文档中,给出1张用 CAD 打开的保存图形文件的界面。

五、开发文档

内容包括:

(1)程序功能简介。

(2)算法设计与流程图。

(3)主要函数和变量说明。

(4)主要程序运行界面。

(5)使用说明。

第七章 无人机摄影测量竞赛

§7-1 概 述

无人机摄影测量是传统的航空摄影测量手段的有力补充,其具有机动灵活、高效快速、精细准确、作业成本低、适用范围广和生产周期短等特点,在小区域和飞行困难地区的高分辨率影像快速获取方面具有明显优势。随着无人机与数码相机技术的发展,基于无人机平台的数字航摄技术已显示出其独特的优势,无人机与航空摄影测量相结合使得"无人机数字低空遥感"成为航空遥感领域的一个崭新的发展方向,无人机摄影测量可广泛应用于国家重大工程建设、灾害应急与处理、国土监察、资源开发、新农村和小城镇建设等方面,尤其在基础测绘、土地资源调查监测、土地利用动态监测、数字城市建设和应急救灾测绘数据获取等方面具有广阔前景。

无人机摄影测量的一般技术流程为航线设计、像控点布设、无人机飞行采集、数据质量检查、影像数据处理、空中三角测量、DEM、DOM 及 DLG 测绘产品制作。

为推动无人机摄影测量技术在测绘教育领域的推广和普及,提高无人机摄影测量操控员的知识技能和职业发展能力,引导全国测绘大学生学习、掌握先进的无人机摄影测量技术,全国测绘地理信息职业教育教学指导委员会于 2017 年 11 月和 2018 年 8 月,分别在河南南阳和云南昆明举办了"达北杯"全国大学生无人机摄影测量技能竞赛,竞赛主要考核参赛选手的无人机操控技能和专业的影像测量数据处理能力。这两次比赛是全国范围内首次规模化使用消费级无人机进行摄影测量影像获取,利用航空摄影测量后处理技术,生成 4D 产品成果的创新竞赛,是测绘地理信息类大学生技能竞赛内容的新拓展,两次比赛都圆满成功。在竞赛规则、竞赛组织方面提供了一套完备的组织实施方案。

§7-2 竞赛的仪器设备及场地

无人机测绘竞赛采用内业、外业相结合的方式进行,其中外业是指无人机低空影像数据采集,内业是指摄影测量影像处理与测图,主要考核学生在无人机测绘实践操作中的应用能力。

一、竞赛所需的仪器设备

无人机测绘所需要的仪器设备及软件一般包括:
(1)原始影像采集系统——适合无人机摄影测量要求的航拍无人机,并配备相应的定制巡航软件。
(2)影像数据处理硬件——高性能计算机、立体采集设备。
(3)影像数据处理软件——适合无人机的数字摄影测量后处理软件。

二、竞赛的场地

无人机测绘场地的选择应遵循以下原则:

(1)范围适中,一般选择 500 m×500 m 左右为 DOM 及 DEM 的制图范围,取 300 m×300 m 左右面积为 DLG 的测图范围,实际飞行面积要适当扩大。

(2)区域内的地形、地貌、地物要有普遍性和代表性,既不能过于复杂也不能过于简单,保持中等测图难度为宜。

(3)场地选择要充分考虑像控点的布设和测量的方便性,以保证有效的测图精度。

(4)要确保飞行安全性。竞赛场地选择要确保净空性好,起飞降落条件好,测控信号干扰小,保障飞行安全。

(5)内业部分需要准备若干个机房,具有一定数量满足内业要求的高性能计算机,并加装相应的航测数据处理软件。

无人机测绘技能竞赛场地布置,如图 7-1 所示。

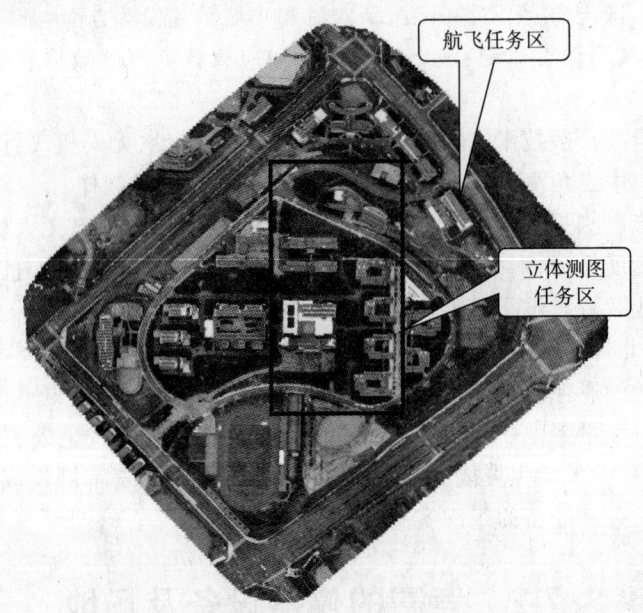

图 7-1 竞赛场地示意

§7-3 竞赛的组织与实施

一、竞赛的总体安排

依据竞赛的内容及参赛队伍的数量,竞赛的组织实施可参照表 7-1 进行。

表 7-1 竞赛组织实施总体安排

竞赛内容	竞赛流程	技术说明	上交成果	参考时间
无人机低空影像数据采集（外业）	抽签—外业实操顺序	各竞赛队抽签决定外业实操顺序		90 min
	原始影像获取	无人机飞控，进行原始影像获取（场内将规定无人机起降及参赛人员活动场地，参赛队伍按照抽签顺序进场，到达指定位置，等待裁判发号施令，无人机依次升空完成采集任务并整理回收）	原始影像	
	制作快拼图	各竞赛队回到室内，将外业获取的原始数据导出，并进行快拼处理	快拼图	
	快拼布控、选择控制点	根据组委会提供的控制点点位、点号，设计布控方案，以文本格式提交控制点点号	布控方案	
低空摄影测量影像处理（内业）	空三制作	各竞赛队用各队外业原始数据，进行空三处理	空三成果	300 min
	生成 DEM	各竞赛队用各队空三成果数据，进行 DEM 影像数据处理	DEM 编辑成果	
	生成 DOM	各竞赛队用各队空三成果数据，进行 DOM 影像数据处理	DOM 编辑成果	
	生成 DLG	各竞赛队用各队空三成果数据，进行 DLG 影像数据处理	DLG 成果	

二、竞赛内容与成绩构成

为保证竞赛成绩评定的合理性，全面反映参赛选手的内、外业综合能力，无人机航测竞赛成绩构成可参考表 7-2 设计。

表 7-2 竞赛内容及成绩组成

竞赛内容		竞赛时间	所占分值		总分
无人机低空影像数据采集（外业）	影像数据获取部分	30 min	时间分	4.5	30
			无人机飞控水平分	9	
	影像快拼及控制点布设部分	60 min	时间分	4.5	
			影像快拼成果质量分	6	
			布控方案成果质量分	6	
低空摄影测量影像处理（内业）		300 min	时间分	14	70
			DEM 成果质量分	14	
			DOM 成果质量分	25	
			DLG 成果质量分	17	

三、竞赛成果数据要求

各参赛队必须按要求提交各类成果数据，用于成果质量评判，其格式要求如表 7-3 所示。

表 7-3 成果数据格式要求

竞赛内容	上交成果	命名要求	备注
无人机低空影像数据采集（外业）	原始影像（提交格式为 *.jpg）	保存至原始数据文件夹	U盘提交
	快拼图（提交格式为 *.jpg）	KP+各组编号.jpg	
	布控方案（提交格式为 *.txt）	BK+各组编号.txt	
低空摄影测量影像处理（内业）	空三精度报告（提交格式为 *.txt）	KS+各组编号.txt	
	DEM 编辑成果（提交格式为 *.dem）	各组编号.dem	
	DOM 拼接线编辑成果（提交格式为 *.dxf）	PJX+各组编号.dxf	
	DOM 成果（提交格式为 *.tif 及坐标文件 *.tfw）	DOM+各组编号.tif DOM+各组编号.tfw	
	DLG 成果（提交格式为 *.tif）	DLG+各组编号.tif	
	中间过程文件夹压缩包（提交格式为 *.rar）	各组编号.rar	

§7-4 竞赛成果质量与成绩评定

无人机摄影测量竞赛评分内容包括无人机低空影像数据采集（外业）和低空摄影测量影像处理（内业）两部分，严格执行航空摄影测量相关技术标准。

一、成果考核标准

竞赛成果质量考核技术要点如表 7-4 所示。

表 7-4 成果质量考核标准

竞赛内容	提交成果	成果质量考核标准
无人机低空影像数据采集（外业）	原始影像（提交格式为 *.jpg）	原始影像是否合格；
	快拼图（提交格式为 *.jpg）	竞赛任务测区范围是否完整； 快拼图是否可以正常制作
	布控方案（提交格式为 *.txt）	控制点是否均匀分布； 控制点选取数量是否足够； 选取的控制点是否为合格的点
低空摄影测量影像处理（内业）	空三精度报告（提交格式为 *.txt）	平面精度和高程精度是否超限
	DEM 编辑成果（提交格式为 *.dem）	比对检查点高程误差是否超限； 房屋、树木等非地貌地物区域数据处理是否得当
	拼接线编辑成果（提交格式为 *.dxf）	拼接线走势是否合理
	DOM 成果（提交格式为 *.tif 及坐标文件 *.tfw）	比对检查点平面精度是否超限； 房屋、道路等地物是否扭曲、错位
	DLG 成果（提交格式为 *.tif）	采集的高程及平面检查点是否超限； 地物是否完整； 拓扑关系是否正确； 图廓整饰信息是否完整
其他		DEM 编辑、DLG 立体测图时是否佩戴红蓝（绿）眼镜
		竞赛得分一致时，根据 DLG 高程检查点精度进行排名

二、竞赛评分细则

为保证竞赛成绩评定的公平公正及可操作性,竞赛委员会需制订详细的评分细则,表7-5是2018年第二届全国大学生无人机测绘技能竞赛的评分细则,供竞赛组织方参考。

表7-5 2018年第二届全国大学生无人机测绘技能竞赛的评分细则

竞赛内容		所占分值(分)		评分内容	扣分值	评分说明
无人机低空影像数据采集(外业)	影像数据获取部分	时间分	3	影像数据获取时间	<20(不含,下同)分钟,不扣分; 20~22分钟,扣0.5分; 22~24分钟,扣1.0分; 24~26分钟,扣1.5分; 26~28分钟,扣2.0分; 28~30分钟,扣2.5分; 超过30分钟停止比赛,扣3.0分	裁判下达指令开始计时,直至无人机回收装箱,选手示意停止计时(等待起飞时暂停计时)
		无人机组装、回收	4	无人机桨叶脱落	扣1分	无人机电机启动后桨叶离开电机即视为桨叶脱落
				无人机电池松动	扣0.5分	竞赛过程中电池卡扣未与机身卡槽完全咬合
				无人机内存卡未入卡槽	扣0.5分	竞赛过程中内存卡未完全进入卡槽,导致影像获取失败
				镜头卡扣未取出	一个卡扣未取扣0.5分	镜头卡扣包括下端塑料卡扣和后端泡沫卡扣
				无人机装箱不合格	扣0.5分	无人机装箱(布袋、数据连接线、飞行器等放置不到位)
				无人机未放置于指定起降区域打开电源	扣0.5分	无人机移动至指定区域后打开电源
		无人机飞控	4	无人机和遥控器开启、关闭操作顺序错误	扣0.5分	起飞前先开启遥控器电源,后开启无人机电源;回收时先关闭无人机电源,后关闭遥控器电源
				无人机、遥控器或平板设备跌落地面	扣1分	在竞赛过程中无人机、遥控器或平板任一设备跌落地面
				对任何部件造成损坏	扣1分	在竞赛过程中对任一竞赛仪器造成人为损坏
				密切关注无人机航飞过程及状态	每出现一次扣0.5分,上限1.5分	要求参赛选手密切关注无人机航飞情况,专注查看飞机或平板的轨迹图
				任何因选手操作原因造成无人机坠毁	取消比赛资格	

续表

竞赛内容	所占分值(分)		评分内容	扣分值	评分说明
无人机低空影像数据采集（外业）	影像数据获取部分	无人机起降 8	无人机起飞至降落期间参赛选手未在指定区域内	扣2分	竞赛时将设定参赛选手在无人机航飞时的指定活动区域
			无人机起飞、降落位置未在指定区域内	扣2分	竞赛时将设定无人机起飞、降落指定区域
			竞赛仪器在电量过低状态下进行无人机飞行操作	扣1分	竞赛过程中在飞机起飞前，无人机电池电量显示不多于2格指示灯、遥控器电池电量显示不多于2格指示灯、平板设备电量低于30%，即算电量过低
			无人机正常执行航飞任务时进行手控操作	扣3分	非紧急情况操控遥控器上任意一部件即视为进行了手控操作（以下情况可视为紧急情况：如无人机无法正常降落在规定区域，无人机失联、无人机远处停止飞行等）
	影像快拼及控制点布设部分	时间分 3	影像快拼及控制点布设时间	<30分钟，不扣分；30～35分钟，扣0.5分；35～40分钟，扣1.0分；40～45分钟，扣1.5分；45～50分钟，扣2.0分；50～55分钟，扣2.5分；55～60分钟，扣3.0分；超过60分钟停止比赛，扣3.0分	
		原始影像是否合格 2	是否存在镜头未垂直向下的影像	扣2分	每出现一张镜头未垂直的影像，扣0.5分
		影像快拼图成果质量 3	快拼图完整性	扣2分	快拼成果输出后示意裁判进行评定（裁判暂停计时）： 1. 若快拼图质量合格即进入设计布控方案环节（重新继续计时）； 2. 若输出的快拼图未包含竞赛任务测区时，则必须选择启用备用数据或进行重飞（此处不扣除完整性分值，根据重新处理结果评分）； 3. 若快拼图无法正常输出，可申请裁判组指定一名技术人员对原始数据进行检核，若数据无问题，则扣除快拼图完整性分值，即扣除2分；若原始数据存在问题，则选择启用备用数据或进行重飞

续表

竞赛内容	所占分值(分)		评分内容	扣分值	评分说明
无人机低空影像数据采集（外业）	影像快拼及控制点布设部分	布控方案（成果质量）3	控制点选取不合理	每出现1个点扣0.5分	裁判重新开始计时；选取控制点时务必选取四角点及中心点，合格控制点不得少于5个，缺少1个扣0.5分，上限2分；选择了不合格点，一个扣0.5分，上限1分
低空摄影测量影像处理（内业）	时间分	14	低空摄影测量影像处理内业时间	<240分钟，不扣分；240～245分钟，扣0.5分；245～250分钟，扣1.0分；250～255分钟，扣1.5分；255～260分钟，扣2.0分；260～265分钟，扣2.5分；265～270分钟，扣3.0分；270～275分钟，扣3.5分；275～280分钟，扣4.0分；280～285分钟，扣4.5分；285～290分钟，扣5.0分；290～295分钟，扣5.5分；295～300分钟，扣6.0分；超过300分钟停止比赛，扣10.0分	
	空三精度报告	6	控制点精度报告平面不超过0.3 m，高程不超过0.5 m	控制点平面精度：0～0.3 m(不含，下同)，不扣分；0.3～0.5 m，扣0.2分；0.5～0.7 m，扣0.4分；0.7 m及以上，扣0.6分。控制点高程精度：0～0.5 m，不扣分；0.5～0.65 m，扣0.2分；0.65～0.8 m，扣0.4分；0.8 m及以上，扣0.6分	空三精度报告文件中dx、dy、dxy任意一项≥0.3 m，dz≥0.5 m，视为超限
	DEM（成果质量）	15	DEM成果检查点高程误差不超过0.7 m	检查点高程精度：0～0.7 m，不扣分；0.7～0.85 m，扣0.2分；0.85～1.0 m，扣0.4分；1.0 m及以上，扣0.6分	任意抽取10个检查点进行高程比对，若检查高程误差≥0.7 m，则视为超限
			DEM地物编辑检测	1～4处，每处扣0.25分；5～8处，每处扣0.5分；9处及以上，扣0.75分	任意抽取10处进行检查，若发现高程未进行修改编辑则视为未编辑

续表

竞赛内容	所占分值(分)	评分内容	扣分值	评分说明
低空摄影测量影像处理（内业）	DOM（成果质量） 15	DOM 成果检查点平面误差不超过 0.3 m	检查点平面精度： 0～0.3 m，不扣分； 0.3～0.5 m，扣 0.2 分； 0.5～0.7 m，扣 0.4 分； 0.7 m 及以上，扣 0.6 分； 上限 5.0 分	任意抽取 10 个检查点进行平面比对，若检查平面误差≥0.3 m，则视为超限
		DOM 拼接线检查	1～3 处，每处扣 0.25 分； 4～6 处，每处扣 0.5 分； 7 处及以上，每处扣 0.75 分； 上限 5.0 分	拼接线穿越房屋，每穿越 1 根算 1 处
		DOM 成果明显变形、错位	1～3 处，每处扣 0.25 分； 4～6 处，每处扣 0.5 分； 7 处及以上，每处扣 0.75 分； 上限 5.0 分	道路扭曲、错位，房屋变形、错位，裁判检查时以 3 个像素变形为准，任意检查 10 处，相同问题可叠加
	DLG（成果质量） 20	DLG 高程点精度误差	检查点精度： 0～0.5 m，不扣分； 0.5～0.65 m，扣 0.2 分； 0.65～0.8 m，扣 0.4 分； 0.8 m 及以上，扣 0.6 分	在指定位置量取的高程检查点，若高程误差≥0.5 m，即视为超限
		DLG 成果地物漏绘	1～3 处，每处扣 0.25 分； 4～6 处，每处扣 0.5 分； 7 处及以上，每处扣 0.75 分； 上限 5 分	竞赛时 DLG 任务测区内房屋、道路、高程检查点全部采集，未采集即视为漏绘，共检查 10 处
		DLG 成果地物间拓扑关系错误	1～3 处，每处扣 0.25 分； 4～6 处，每处扣 0.5 分； 7 处及以上，每处扣 0.75 分； 上限 5 分	地物间相互压盖（如房屋与房屋间的压盖、房屋与道路间的压盖等）、道路之间不合理交叉均属于地物间拓扑关系错误
		植被判绘加分项	加 1 分	测图成果中，若出现植被判绘则视为加分项
		DLG 成果图廓整饰信息不完整	每出现 1 处扣 1 分，上限 5 分	图廓整饰信息未按照组委会要求进行输出（四角坐标、图名、图号、地区、版权单位、比例尺、图幅大小及其他默认项等，增减均算作未按要求提交）
比赛场地秩序	不服从裁判指挥		扣 20 分，严重者取消比赛资格	
	比赛过程中影响其他队伍正常操作		扣 10 分	

续表

竞赛内容	所占分值(分)	评分内容	扣分值	评分说明
比赛场地秩序	比赛过程中违规使用通信工具		扣10分	
	选手在比赛过程中出现作弊行为		扣10分,严重者取消比赛资格	
其他	未佩戴红蓝(绿)眼镜进行DEM编辑及DLG立体测图		扣1分	DEM编辑、DLG立体测图时务必佩戴红蓝(绿)眼镜
	成果数据无法正常打开		扣1分	成果数据通过U盘提交裁判时,数据无法正常打开,扣除此项分值;参赛选手可返回计算机重新拷贝提交,多次提交均无效时,可申请裁判组评定原因,若检核后为设备问题则不扣分(此项操作不另外计时)
	重新进行影像数据获取		扣10分	遇到快拼图上任务区域不完整,或获取的原始数据不符合制作条件的,或影像数据获取时间超时者可申请一次重飞
	启用备用原始数据		扣15分	遇到快拼图上任务区域不完整,或获取的原始数据不符合制作条件的,或影像数据获取时间超时者,可申请启用备用原始数据(备用原始数据由组委会提供)
	提交文件未按规定格式提交		扣2分	提交文件格式及命名未按照竞赛规程要求进行提交,每发现一个即扣除2分
	成果未提交		快拼图,扣4分;布控方案,扣4分;空三精度报告,扣6分;DEM编辑成果,扣15分;DOM编辑成果,扣15分;DLG成果,扣20分	无法在成果文件中找到相关成果即视为成果未提交
	其他			如出现评分细则未提及项目,由裁判组仲裁评定

第八章　测绘技能竞赛的经验与思考

本章主要讲述笔者在多年组织测绘技能竞赛的活动中积累的一些经验和体会，同时提出了教学和训练的一些问题，可供参考。

§8-1　测绘技能竞赛的收获

一、竞赛的重要意义

实践教学是整个测绘工程专业的重要组成部分，是贯彻理论联系实际的原则和工程师基本技能训练所不可缺少的教学环节，是学生获得测绘知识感性认识、培养动手能力和解决实际问题能力的最有效方法，对于提高测绘工程专业的教学质量起着至关重要的作用。举办大学生测绘技能竞赛，对于提升大学生测绘技能训练水平，培养学生的实践能力、团队协作意识、工作耐心及不怕苦、不怕累的优秀品质，养成认真细致的良好业务作风，提高测绘实践教学质量等方面，具有重要的意义。

举办大学生测绘技能竞赛，从全国的层面上动员了测绘专业院校进行院校、省级、全国范围的三级大赛，展现了三个层次测绘专业人才培养的水平。各院校在竞赛之前都在校内举行了相关专业全体学生参与的选拔赛，多数省份还举行了参加全国竞赛的省级选拔赛。为了争取参加省内选拔赛乃至全国竞赛，学生们刻苦练习，努力实践，进行了大量的艰苦训练。实践证明，正是通过这样的赛前准备，极大地调动了学生努力实践、勇于实践的积极性，培养了学生的实践热情。竞赛中获得优秀成绩的单位成为兄弟院校学习的榜样、未来赶超的对象。从备赛到正式比赛，甚至到赛后各院校依然摩拳擦掌，期盼在下一次竞赛中再试身手，展现院校人才培养工作水平。竞赛更加固化了测绘人才培养系统化的理念，对于测绘专业人才及其创新能力的培养、学生解决工程实际问题能力及教学质量的提高，具有较好的引导作用。因此，竞赛对学生达到了"以赛促学、以赛促练、以赛促训"的目的，对学校则起到了"以赛促建、以赛促教、以赛促改"的作用。大赛对培养学生的自信，是任何教学都无法比拟的。

二、竞赛的示范作用

在举行全国测绘技能竞赛之前，一些省份进行过类似的测绘技能竞赛，但由于竞赛的范围小，参赛学校重视不够，参赛学校少，组织单位投入不够，以及组织者的竞赛经验不足等原因，各地的竞赛不仅在广泛性方面存在不足，而且在规范性、公平性等方面都存在很大差异。近几年来，由于要举行全国竞赛，许多省份的学校都举行了选拔赛，而且都采用了与全国一致的赛程、赛制，有些还聘请全国竞赛的裁判进行技术指导，不仅使各地的竞赛在规范性、公平性等方面得到了很大改进，同时也提高了竞赛水平。因此，全国竞赛指导了各地举行的选拔赛，起到了良好的示范作用。

三、竞赛成绩反映的事实

事实证明,竞赛既反映学生的训练水平,也反映指导教师的指导水平,更反映学校的重视程度。

在已举行的竞赛中,凡是获得高等级奖励的学校,首先是学校重视,其次是参赛队伍训练水平高,指导教师水平高、竞赛经验丰富。例如,多次在教育部"全国职业院校技能大赛"测绘赛项获得团体一等奖的黄河水利职业技术学院和北京工业职业技术学院等院校,他们的共同特点是:学校领导极其重视,指导教师都具有很丰富的实践经验和竞赛经验,多次指导学生参加省内和全国竞赛,学生从年底就开始训练,直到5~6月参加竞赛。学校的支持、教师的有效指导加上选手的刻苦训练,获得高等级奖励是情理之中的事。

四、选拔赛的重要性

在竞赛中获奖的学校,都是一些通过比较正规、水平比较高的省级选拔赛选拔的学校。选拔赛是严格按照全国竞赛的竞赛细则进行的,因此,参加过选拔赛的队伍成绩普遍较好。选手们正是通过省级的赛前(选拔)竞赛,积累了竞赛经验,更重要的是通过竞赛找到了自己的缺点和不足,并在赛后采取有效的针对性训练以取得长足的进步,因而在全国竞赛中获得了好成绩。近几年国赛成绩普遍提高,各省级的选拔赛功不可没。

§8-2 测绘技能竞赛反映的问题和不足

现行的测绘技能竞赛主要存在的问题大致有八类。

一、竞赛用时与成果质量的关系处理不当

由于竞赛用时是竞赛成绩评定的一个方面,各参赛队通常很重视竞赛用时,以为时间是最重要的因素,陷入"时间第一"的误区。在竞赛过程中,往往看到别的队伍测量速度较快,就容易产生急躁情绪,急躁又往往影响竞赛的成果质量。事实上,竞赛用时并不是最重要的。通常,竞赛用时成绩与成果质量成绩的比例大多是3:7或4:6,而且竞赛用时成绩的计算是以所有参赛队中最短的竞赛用时、最长的竞赛用时和本队的竞赛用时一起计算的,即式(1-1)。当最短的竞赛用时、最长的竞赛用时相差很大时,本队竞赛用时分值与最快队的竞赛用时分值相差很小,换言之,竞赛用时得分要看别人的竞赛用时情况。而质量分就显得很重要,因为错误1处扣1分或至少0.5分,一味追求时间短就可能导致错误,其扣分是实实在在的,如果因为追求快导致成果超限,就得不偿失了。根据经验,水准测量和导线测量的竞赛用时成绩大约每3 min相差1分,而成果中不用尺子的随手划改就扣1分,可见成果质量成绩的重要性。参赛队应当充分重视成果质量,在不犯错误或少犯错误的前提下,再考虑加快速度。若一旦成果质量不合格,就谈不上竞赛成绩,更谈不上参加评奖。因此,各参赛队从训练开始,就要养成注重成果质量的习惯。

二、训练方法的失误

通过历届测绘技能竞赛的实践来看,成绩较好的参赛队不仅仅重视技能训练,而且非常重

视学生的心理辅导和体能训练。测绘技能竞赛的特色是外业强度大,外界干扰因素多,并且训练过程相对比较枯燥,这符合一般竞技体育训练的一般规律。心理学研究发现,竞技时心理紧张会导致动作变形和思维紊乱,从而会影响竞赛成绩,所以,训练过程中必要的心理辅导及竞赛过程中的心理干预都是非常必要的。

测绘技能竞赛的各类项目竞赛时间一般在 1.5～3 h,需要携带测绘仪器测量并运动,且要求高强度、高精度完成项目内容。这对参赛选手是一个很大的挑战,具有良好的心理素质和体能显得尤为重要。

因此,训练过程中不仅要注重操作技能训练,更要重视心理和体能训练。

三、竞赛细则与规范标准的区别认识不足

测绘工程专业的教学内容来源于实践又高于实践,教学过程中往往需要对真实的项目进行符合自己教学条件的教学内容设计;而测绘技能竞赛的组织和设计又是来源于测绘教学内容,高于测绘教学的提升设计。从竞赛的组织实施等方面考虑,可能与实际测量规范略有差异。例如,GB/T 12898—2009《国家三、四等水准测量规范》规定四等水准观测可不读上、下丝读数而直接读距离,竞赛中为了防止作弊,要求必须读上、下丝并记录于手簿。又如二等水准测量竞赛中,水准点间距、水准路线长度、往返测量、观测时间段等指标因场地、时间、竞技需要等条件的限制,与 GB/T 12897—2006《国家一、二等水准测量规范》实施要求有一定差异。各参赛队应理解测绘技能竞赛是满足场地、时间、参赛队数量、仪器设备等条件而设计的公平竞赛。因此,训练时要按照竞赛细则和实际测量的要求训练。

四、队员缺乏良好的分工协作

测绘工作是一个团队项目,需要团队的相互配合和协作。竞赛更是多位队员必须密切配合、协作的工作。在一些竞赛中,队员缺乏协作,尽管大家都想尽快完成任务,但往往互相帮助不够。例如,在水准测量和导线测量的计算中,有些参赛队往往是一个队员计算,其他队员在旁边观看;有些参赛队是一个队员计算,部分队员协助,但由于配合不好,往往有时不仅帮不了忙,反倒干扰了计算。一支参赛队,要想取得好成绩,队员之间的密切配合、团结协作是十分重要的。

五、评分体系的理解不到位

首先,因测绘行业为传统行业,要求从业人员具有较高的职业素养和职业标准,但有些并没有写入相关的细则。例如,竞赛过程中测量动作不规范、观测时仪器架设位置不合理、扛着仪器设备高速奔跑等,因为不好界定犯规,这些指标很难纳入评分体系。

其次,关于携带仪器跑步的问题,由于不好界定什么是跑步,早期的竞赛没有限制。后来的比赛细则虽然规定了不允许携带仪器跑步,但在竞赛过程中,由于裁判员执法宽严不等,可能在竞赛中判罚尺度不一,但规定至少限制了携带仪器狂奔的现象。

最后,测绘技能竞赛往往受外界环境因素干扰。例如,受天气、地形环境和树木遮挡等方面的环境因素制约;又如早上和临近中午观测,数字水准仪在树荫下或者在强光下可能不显示读数等情况,对竞赛的影响也很大。竞赛往往采用抽签形式,目的是使竞赛公平合理,但是,不公平总是不可避免地存在。所以,参赛队及其队员应当充分认识这一点。

六、业务作风方面的问题

(一)二类成果

测量工作是一项严格细致的工作,来不得半点的马虎大意。因此,规范规定:测量记录不能转抄,不能涂改、就字改字,不能用橡皮擦和刀片刮等。但在以往的竞赛中,这些现象或多或少地存在。规范对于这类错误的处理就是不仅要返工,还必须追究违反者的责任。又如,规范规定:四等水准测量记录不得改动厘米位和毫米位、导线测量和距离测量记录不得改动厘米位和毫米位、角度观测记录不得改动秒值等,违反规定必须返工重测。因此,竞赛把犯这类错误的成果按照不合格成果处理,只不过裁判留情称其"二类成果"而已。

(二)不良习惯

规范规定:错误的数字和文字应当用单线正规划去,在其上方写上正确的数字与文字。而在竞赛中,一些选手对错误成果往往不用尺子,而是随意画一条线,甚至画多条线;划去成果也不注明错误原因,或因不知道规范为什么要注明错误原因而很随意地注记"听错"、"写错"等。其实,规范规定注明错误原因是为了区分观测者或者记录者的责任。因此,错误的原因只有"测错""记错""超限"3种,对与观测者无关的计算错误是不必注明原因的。

另外,一些选手不知道记录用铅笔要从没有字的一面削,以把表示铅笔软硬的2H、3H等字样留出来,也不知道测量记录用铅笔而不用钢笔是因为汗水甚至雨水对铅笔的影响小。

因此,指导教师要严格要求参赛选手,训练要从一点一滴做起,绝不能有半点的侥幸心理。我们参赛是暂时的,做一个优秀的测量员才是永久的。

七、二类成果评奖问题

因为竞赛设定的奖项比例相对较高,通常一等奖、二等奖、三等奖的总比例为60%或者70%。如果竞赛中二类成果偏多,合格成果评奖可能达不到60%或者70%。在这种情况下,一些竞赛组织者往往把二类成果也列入获奖名单。这种做法虽然有利于鼓励参赛,但其影响是恶劣的,因为无论从哪个方面讲,不合格成果获奖都是不合理的。因此,国赛规定,凡是因成果超限或定性为二类成果成绩即按0分处理。

数字测图是一项综合性的测量工作,它涵盖测量、计算和绘图等多个方面,因此在测量过程中竞赛选手所犯错误是各式各样的,一些问题是操作紧张造成的,还有一些是平时训练不足引起的。例如,外业测量碎部点时仪器定向错误、漏测点、漏测地物,绘图时数据传输错误,绘图时漏绘地物等。产生这些问题的原因看起来是训练水平不高,但根本原因还是教师的实践教学水平不高。

八、竞赛反映的教学问题

(一)教师的实践能力亟待提高

实践教学是测绘类专业教学的重要组成部分,是贯彻理论联系实际的原则,是培养系统化职业能力和工程师基本技能训练所不可缺少的教学环节。对于实践教学,教师必须具有丰富的生产实践经验,才能得心应手。目前的状况是,参加竞赛的一些指导教师,尽管有些具有很高的学历,但没有生产实践经验,多是从学校毕业后直接走上教学岗位,最多参加过一些工程实践项目,或者是做助教期间学到的教学方法,因而在实践中,特别是在指导学生参加竞赛的训练中针对性不强,甚至将一些不好的习惯和做法传授给学生,以致学生在竞赛中犯错误。例如,曾经有一位指导教师问过"水准测量是否一定要前视标尺、后视标尺和仪器在同一直线上"这样的初级问题。其实,规范也只是规定:除转弯处外,应尽可能在一条直线。由此可见,青年教师的工程实践能力亟待加强,培养教师的实践能力是我们工科院校应当常抓不懈的课题,要采取措施、创造条件,使实践能力差的教师真正得到训练。

(二)建立良好的实践教学基地,注重学生的实践能力培养

加强实践教学,努力培养学生的实践能力,形成较高的实践水平,是工科院校教学工作的永恒主题之一。通过竞赛,一些院校看到了自己与先进院校的差距,决心要从教学的源头抓起,努力提高实践教学质量,培养满足生产实践需求的人才。因此,应当抓好以下几个方面:

(1)创造良好的实践教学环境,建立完善的实践教学基地。
(2)加强校企合作,学校与企业共同培养学生的实践能力。

以往测绘技能竞赛积累的成功经验,为将来举办更高水平的测绘技能竞赛打下了坚实的基础,让我们共同努力,将测绘理论教学与实践教学更好地结合,促进并提高我国测绘专业人才培养水平,为测绘事业作出更大的贡献。

第九章 参加测绘技能竞赛的训练经验介绍

测绘技能大赛的成绩反映了学校的有关教学质量,更反映学生的训练水平,也反映指导教师的指导水平,还反映学校对大赛的重视程度。在迄今为止举行过的竞赛中,解放军战略支援部队信息工程大学地理空间信息学院、武汉大学测绘学院、黄河水利职业技术学院和北京工业职业技术学院等院校都取得了骄人的成绩。为了对参赛有所帮助,我们特意请了这几个院校的指导教师写了经验总结,供大家学习参考。

§9-1 以赛促教,以赛促学,提高测绘学科实践教学水平
——解放军战略支援部队信息工程大学竞赛经验

一、引 言

测绘类专业是解放军战略支援部队信息工程大学地理空间信息学院的优势专业和特色专业,长期以来,学院秉承大学"立信,立行,立业"的校训,在培养学生扎实理论知识功底的同时,更加注重对学生实践操作能力的培养,培养了大批优秀的测绘人才。

近10年来,在我院代表大学参加的历届全国高等院校大学生测绘技能竞赛中,前三届都获得所有单项和团体的最高奖项及"优秀指导教师"奖,如表9-1所示。充分展现了我院学生过硬的专业技能素质和实践操作能力,达到了"以赛促学、以赛促练、以赛促教"的目的。

表9-1 我校参加全国高等院校大学生测绘技能竞赛获奖情况

年份、届次	竞赛项目	国赛获奖	说明
2009年 第一届	一级导线测量	一等奖	
	四等水准测量	一等奖	
	1:500数字测图	一等奖	
	团体总成绩	一等奖	
2012年 第二届	一级导线测量	一等奖	赛事设一等奖、二等奖和三等奖
	四等水准测量	一等奖	
	1:500数字测图	一等奖	
	团体总成绩	一等奖	
2014年 第三届	一级导线测量	一等奖	
	四等水准测量	一等奖	
	1:500数字测图	一等奖	
	团体总成绩	一等奖	
2016年 第四届	一级导线测量	特等奖	赛事设特等奖、一等奖和二等奖
	二等水准测量	特等奖	
	1:500数字测图	特等奖	
	测量程序设计	二等奖	
	团体总成绩	特等奖	

续表

年份、届次	竞赛项目	国赛获奖	说明
2018年 第五届	二等水准测量	特等奖	赛事设特等奖、一等奖 和二等奖
	1∶500数字测图	特等奖	
	测量程序设计	二等奖	
	团体总成绩	特等奖	

二、参加测绘技能竞赛的经验与方法

(一)各级领导高度重视

为备战测绘技能竞赛,大学、学院、教研室和学生队领导高度重视,从人、财、物、组织政策等方面给予全方位的支持,为竞赛购买专用仪器设备、协调训练时间、减少公差勤务、安排绘图和编程训练场地,关注训练进展情况,帮助解决实际困难。

(二)组织校内竞赛选拔参赛学生

实践环节是测绘学科教学的重要组成部分,组织学生参加大学生测绘技能竞赛,能够有效检验学生平时训练效果,锻炼学生动手实践能力,培养团队协作意识,对养成"真实、准确、细致、及时"的八字测绘业务作风,具有十分重要的意义。

基于此,学院每年都会组织本科生测绘技能竞赛,竞赛组织形式和规则与国赛形式和规则完全一致,以求贴近实战。举办本科生测绘技能竞赛,一方面能够激发学生对测绘专业的兴趣与热爱,将所学理论知识更好地用于实践,营造你争我赶的良好竞争氛围,另一方面,能够为选拔学生代表学院参加省赛和国赛提供主要参考依据。

学院竞赛一般在春季开学后一个月左右进行,通过竞赛,选择一组测量速度快、成果质量好的参赛学生代表大学参加省赛和国赛。选拔的标准是专业理论功底扎实、做事认真细致、能够吃苦耐劳、身体素质较好、心理素质过硬、相互配合较为默契。为了预防伤病等不可抗因素的出现,通常会多选拔一名备选学生,与其他四名正式学生同等要求进行训练。

(三)组建指导团队制订训练计划

为更好地备战竞赛,教研室专门抽调三名左右实践教学经验丰富、责任心和执行力强的教师组成竞赛指导小组。指导小组依据测绘技能竞赛实施细则,科学制订训练计划,具体内容涉及训练科目设置、训练时间协调、训练效果评价和训练方法改进等。

(1)训练科目设置。主要依据竞赛项目制定训练科目,通常竞赛会设置"导线测量""水准测量""数字测图"和"测量程序设计"四个项目,前三个项目都需要在室外通过仪器实操完成,最后一个项目则需要在室内完成,指导小组需要根据训练科目科学制订训练计划,并严格按照拟订计划组织实施。

(2)训练时间协调。在不影响参赛学生白天正常操课的前提下,利用自习课、早操、晚饭后的空余时间或周末和节假日等组织学生训练。省赛和国赛举办时间基本为每年的6月和8月,正值酷暑季节,需要从春节后就开始备战。

(3)训练效果评价。每周针对一个科目进行训练,周末严格按照竞赛要求和标准组织测试,现场打分,现场讲评,对训练效果给出量化评价标准。通过周期性对训练效果的检验和评价,能够让教师充分掌握目前学生的竞技状态,也可以让学生清晰认识到当前训练中存在的不足和短板,在下一阶段训练中加以克服。

(4)训练方法改进。对训练效果进行检查评价并制订改进措施是指导教师的重要工作,教师应经常现场观察学生的内、外业训练情况,认真查看训练成果,多与学生交流,以便及时发现并解决问题,对仪器和软件操作中的问题,可通过专项训练加以解决。

(四)科学实施训练,强化实践能力

测绘技能竞赛是一项对测量科目的综合性考核,对参赛学生的个人能力和密切配合有很高的要求。在组织训练时,4名学生必须进行科学合理的分工,发挥各自专长,相互之间形成良好的默契,坚决杜绝互相抱怨、耽误进度的情况发生,只有做到这几点,才能高效、准确地完成整个测绘技能竞赛工作。根据不同竞赛项目的特点,有针对性地安排训练内容及方法。

以数字测图项目为例,竞赛采用草图法进行,其基本步骤是测定碎部点的三维坐标并绘制草图,将点位坐标数据导入计算机,参照草图在数字成图系统中编辑数字地形图。既要操作仪器又要使用绘图软件,需要很强的综合实践能力。下面按照测图的作业流程,对各环节的重点内容及训练方法进行总结。

1. 熟练掌握仪器操作

测绘技能竞赛项目是测量中最基础的内容,参赛学生必须从理论层面深入领会其实质,理解测量操作要求的理论依据,在实际测量时就会心领神会、水到渠成。

测图竞赛主要使用的仪器是全站仪和RTK,每个选手都必须熟练掌握两种仪器的操作,重点是全站仪的对中整平和设站定向的操作步骤,以及RTK测定坐标转换参数的操作过程。要求学生理解设站、定向、检核和测定坐标转换参数的目的和原理,熟练掌握操作流程,使学生既要知其然,更要知其所以然。养成检核的良好习惯,不能为了节省时间而省略检核环节,造成无法挽回的严重后果。

2. 系统掌握典型地物测绘要领

测绘技能竞赛的赛场在大学校园内,可以在本校选择地物地貌与赛场相似度较高的场地进行训练。先全面、细致地观察各种地物地貌,分析每种地物与图式符号的对应关系,确定每种地物需要测定哪些特征点,再根据RTK和全站仪的性能和不同碎部点所处的环境,选择适当的测量仪器和测量方法。对于不能直接测量的碎部点,需要使用量距法、交会法等方法间接测量,以便内业时通过作图方式确定点位。测量方案确定之后,先进行试验性测量,根据试验结果考虑两种仪器的分工是否合理,测站点位置是否最佳,优化测点顺序,提高测量效率。在此项训练中,切记要在保证测量精度的基础上提高测量速度。

3. 绘制高质量的草图

草图记录了碎部点的属性和连接关系,草图的绘制非常重要,它是后续数字成图的基础。绘制草图的基本要求是完整、准确、清晰、美观。草图中符号间的相互关系、点号、尺寸务必正确。草图方向应与实地北方向一致,文字注记的字头尽量朝北。草图的幅面不能太小,符号不要过于密集,若局部区域过于复杂,应该放大单独画一幅草图。不仅要求绘图者自己能看懂草图,还要让本组其他成员也能看清楚草图,这样成图时才不易产生丢漏和错误。草图绘制采用符号与文字相结合的方式。

4. 熟练使用绘图软件

竞赛使用南方测绘仪器公司开发的CASS软件编辑数字地形图。CASS软件是基于CAD的二次开发,增加了地形图符号的绘制和编辑功能。绘图时主要使用CASS扩展的功能,但离不开CAD平台的原功能,只有对二者都熟练掌握并结合使用,绘图才能快速、准确、得心应手。对于 CAD 软件，需要熟悉软件界面和操作习惯，掌握漫游、缩放等视图操作，学会常见图元的绘制和编辑功能，熟练使用坐标输入、对象捕捉等精确绘图功能。对于 CASS 软件，首先要掌握全站仪数据传输，重点掌握绘制各种符号的步骤及要求的定位点，记住一些常用快捷键，可以加速绘图过程。绘图需要安排合理的顺序，先绘主要地物，再绘次要地物，最后绘制图廓。全图绘制完成后要全面检查，并消除符号压盖现象，绘图过程中应经常存盘。

5. 合理分工协作，及时总结提高

测量是团队活动，4 名选手必须进行科学合理的分工，发挥各自专长，相互之间形成良好的默契，才能高效、准确地完成外业测量和内业绘图工作。通常外业绘草图和内业图形编辑工作由同一名选手完成，该选手是团队的核心，是竞赛过程的总指挥，需要软件操作娴熟并认真细心的学生担任，操作全站仪和 RTK 的学生必须对仪器操作非常熟练，拿对中杆测点的学生要求体力充沛。虽然最终比赛时每个人分工不同，但在训练初期人人都要打下操作仪器和使用软件的良好基础，经过一段时间的训练和磨合再根据情况确定每个人的最佳定位。

每次训练之后都要认真分析总结，找出训练中存在的不足之处，下次训练时进行针对性的改进，才能逐渐提高测量水平。

三、测绘技能竞赛对实践教学的促进与提高

测绘技能竞赛对实践能力的要求与战场测绘保障的需求相一致，参加测绘技能竞赛，有利于提高我校测绘学科的实践教学能力及水平，为适应测绘技能竞赛及战场测绘保障需求，在教学中采取以下措施：

（一）加大实践教学比重

以"现代测量学"和"大比例尺数字测图"为例，"现代测量学"50 学时，理论授课 34 学时，课间实习 16 学时，课间实习主要在校园内室外进行；"大比例尺数字测图"安排 40 学时，在专门的实习场所进行。我校在河南登封市唐庄乡雪沟村附近建有专门的外业实习场，有宿舍、食堂、教室、机房等食宿和教学条件，可满足 300 人同时进行实习。我校大多数实践教学都在外业实习场集中进行。实习按每天 4 学时安排，如本科"大比例尺数字测图"教学计划 40 学时，一般安排 2 周 10 个工作日，实际教学时中能达到 12 个工作日，每天工作时间达到 10 h 以上。

（二）科学规划实践教学内容

导线测量、水准测量、数字测图作为测绘技能竞赛的主要项目，既是现代测量学课程的核心内容，又是大地测量学、控制测量学、摄影测量学、地图学等其他专业课程的基础，也是学生岗位任职的基本技能。为了提高学生基本测绘技能，在实践教学中，要求学生熟练掌握经纬仪、全站仪、水准仪、GNSS 接收机等测量仪器的使用方法，并安排角度测量、距离测量、水准测量、RTK 测量、导线测量、野外数据采集和数字成图等实习环节。每个实习项目采用集中练兵与分散测量相结合的方式，先讲课并示范操作，然后集中练兵，对存在的共性问题进行答疑解惑，在学生基本掌握测量方法后再到本组测区内完成各自实习任务，分散测量时进行巡视和个别指导。在教学中，鼓励学生通过编程解决实际测量问题，结合课程特点，增加编程实习环节，提高学生编程水平。

（三）引入竞赛机制

为激励学生更主动地参与实习，在实践教学环节引入竞赛机制。例如，在数字测图综合实习和工程测量实习的后期，有针对性地组织一些单项的实操比赛，具体的项目有对中整平、角

度测量、水准测量、三角高程测量、碎部点测定和点位放样等,既有单人项目也有合作项目,可以根据时间是否充分选择难度合适的项目。在比赛之前留一段时间让学生准备,互帮互学,比赛成绩作为课程考核的一部分计入实习成绩。事实证明,这种方式可以很好地调动学生的积极性,提高教学效果。这种教学方法也可以推广到其他实践性教学课程中。

四、总　结

测绘技能竞赛为我校提供了展示专业技能与实践教学成果的平台,开阔了师生的视野,增进了我校与全国测绘类高等院校间的交流,极大地激发了学生学习的积极性和主动性,形成了一种"比学赶帮超"的学习氛围,实现了"要我学"向"我要学"的转变。组织学生参加测绘技能竞赛,不仅能够进一步巩固专业知识的学习、提高动手实践能力,还能够培养学生吃苦耐劳、团结协作、奋勇争先的优良品质,在各个方面得到磨砺和提升。

在未来的教学工作中,解放军战略支援部队信息工程大学地理空间信息学院将继续传承和发扬测绘人"真实、准确、细致、及时"的业务作风,培养更多、更优秀的测绘人才!

§9-2　优异成绩源于积极备战
——武汉大学测绘学院参赛经验

2018"天宇杯"第五届全国高等学校大学生测绘技能大赛中,武汉大学测绘学院参赛队伍"测量程序设计"成绩排名第一。该比赛板块设置以来,本校连续获得第一名。

在比赛准备过程中,我们主要通过选拔优秀的参赛选手、制订良好的训练计划、形成标准化的训练模式来保障取得良好的成绩。

一、选拔优秀的参赛选手

参赛选手是取得优异成绩的核心。测绘学院非常重视学生编程能力的培养,编程课程有C/C++程序设计、网络程序设计等,在测绘核心课程中,要求有一个程序设计相关的大作业,使测绘学院的学生具备良好的编程能力。

在测绘学院,已经形成了测绘程序设计的良好氛围。学生们自发组织了一个名为编程学校的社团,他们定期举办免费培训班,请具有丰富编程经验的研究生对参加培训的学生一对一指导,提升测绘程序设计能力。每年学院的夏令营、研究生入学考试、学院测绘技能大赛、软件开发大赛等考试或比赛,都有程序设计环节。《测绘程序设计试题集》的出版对同学们自学专业编程起到了很好的推动作用。

在参赛人员选拔时,要求有意愿参加比赛的学生提交一份作品,通过比较分析,选择2名正式参赛队员和1名候补队员,形成正式训练队员,进行赛前准备。

二、制订良好的训练计划

科学合理的训练,可以达到事半功倍的效果。参赛选手在比赛备战时,还要参加正常的课程学习,因此,必须根据学生具体情况,制订合适的训练计划。

我们具体的训练计划分为四个阶段:

(1)第一阶段。3月中旬至6月中旬,每周完成一道试题,利用周末时间,进行知识点分析和规范化讨论,使参赛选手熟悉所要考试的内容。这个阶段要认真花时间去完成,而且要保证结果的正确性。出现问题是正常的,而且是好事,不要直接尝试换一种方法去解决,而是去调试,看是哪里出了问题,这个过程需要花时间,但锻炼调试能力。

(2)第二阶段。6月下旬至7月中旬,封闭式集中训练,每天完成一道试题,保证每道试题训练2遍。这个阶段要让参赛选手思考代码能不能写得更好,体现在程序的规范性(命名)和函数设计上。试题库的源代码可以作为参考借鉴,注意源代码中输入输出处理的技巧,还有DataCenter类的设计也是很重要的,因为这是整个程序数据交流的中枢,直接决定了数据怎么读和算法函数的设计。

(3)第三阶段。7月下旬,模拟考试,通过随机抽题,按照规定时间和规定方式进行考试训练。这个阶段学生对程序内容都很清楚了,在每次做时要做到不看之前的代码,而且一定要确保正确性,并记录出错的原因,可以做笔记,这样下次就不会在这里犯错。

(4)第四阶段。比赛前三天,代码优化与查漏补缺,重点讨论易错知识点。这是比较重要的一步,是规范代码、加强印象的关键步骤。严格按照中期的分工方案进行训练,对代码的简洁性、命名规范性进一步严格要求。在该阶段无须刻意背代码,每次训练都应思考如何使代码最优。对答案时,应记录容易出错的地方,重点复习平时记录的易错点、代码的整体框架。

三、形成标准化训练模式

比赛是有限时间内完成一个比较复杂的任务,通过形成一定的范式有助于选手快速进入状态,减少犯错的可能性。

标准化的内容包括命名规范、界面设计规范、算法实现规范等相关内容。图9-1是界面设计的规范化流程,图9-2是算法设计的规范化流程。例如,数据作为整个核心,类名定为DataCenter;文件类只作为数据输入,类名定为FileReader;报告(report)类作为数据输出,类名定为Report;所有计算部分作为类Algorithm。

存储数据统一用List<T>,计算报告的输出用Dictionary<T1,T2>。多学习List的高级用法,如 List.Select()、List.Where()、List.Distinct()、List.Sort()、List.Sum()、List.OrderBy()、List.ForEach()和List.Contain()等。这样可以让数据排序、求和、选择、查询等操作更加方便,往往仅需要一句话(Dictionary 也有类似性质)。这个在 TIN 与 GRID 中体现得非常明显,可以大大减少代码量,方便记忆。例如,GRID 中查找基点只需要一句话,传统方法需要进行两次排序才能实现。

培养抽象、概括能力,尽可能把有共同特征的类归在一起,继承自同一个父类。训练写抽象类、抽象方法、继承、接口和重载方法等的能力,可以避免类似或重复的代码,使结构更清晰。

编程训练时加强程序的容错性、可扩展性。根据需要设置 try、catch,并弹出提示框。一些公共的方法应在所有程序中统一,如 PointInfo.Azimuth(求方位角)、PointInfo.Distance(求距离)。

加强代码的整洁性。注释简洁易懂;变量、写清楚方法的作用域(public、protect、private),不要都写成 public;把某些可以用少量语句求得的变量,写成属性,可以方便随时调用,而不需要判断这个变量是否计算过。

第九章 参加测绘技能竞赛的训练经验介绍

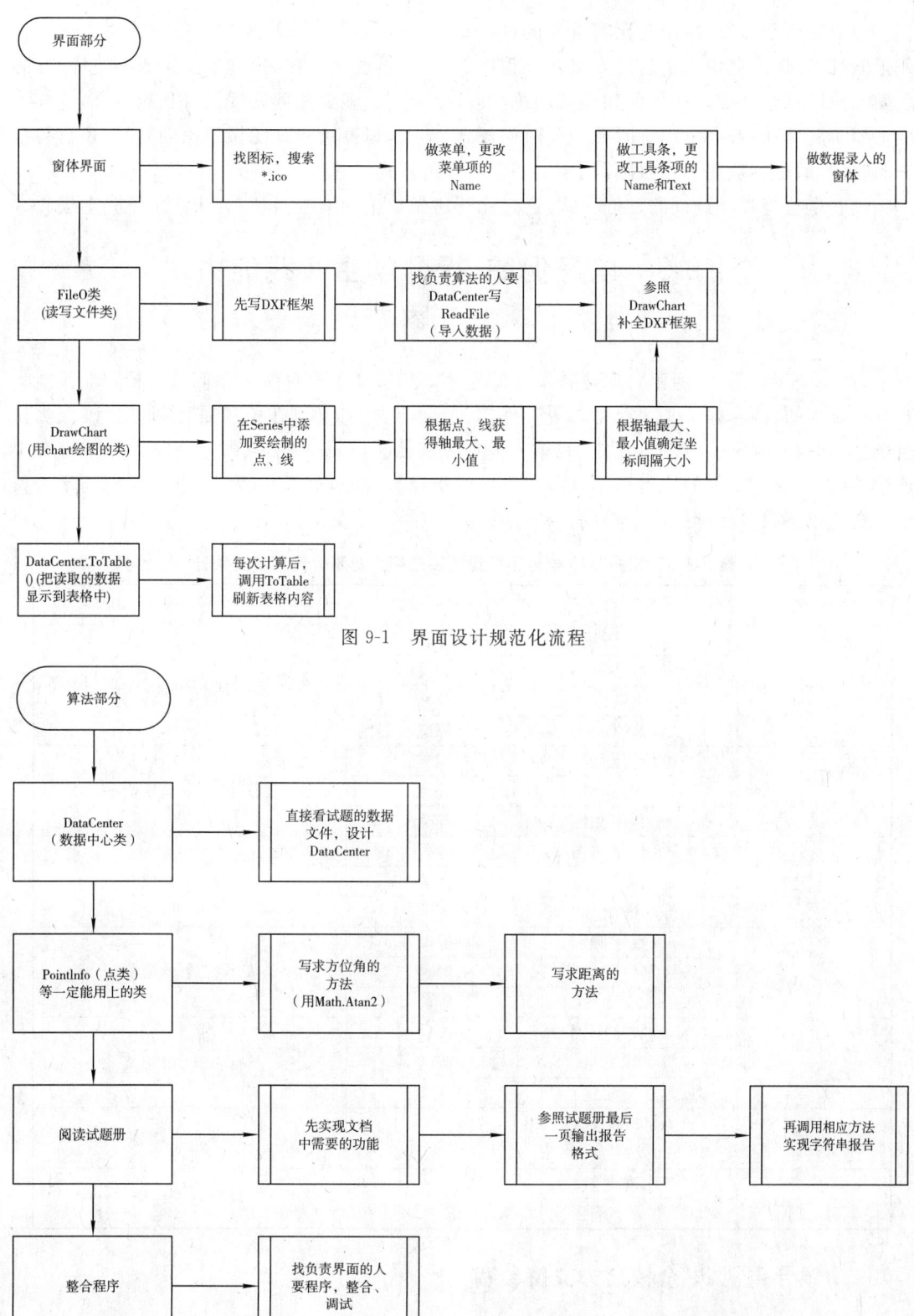

图 9-1 界面设计规范化流程

图 9-2 算法设计的规范化流程

比赛时间是短暂的，但是比赛准备的过程却比较漫长。在每周做一道题时就要求学生保证正确性，在学生完成题目后再发参考源程序，让学生自己去对比，这样学生印象会更深刻，为后面的阶段打好基础。在集训和模拟训练阶段，每天完成多少任务要规划好且执行好，这样才能忙而不乱，游刃有余。训练时要做好时间规划，例如，写算法和画图做界面的时间，还有写报告的时间，通过创造比赛的氛围，让学生知道哪里可以提升速度。

比赛是检验教学过程的良好方式，通过比赛激发学生的编程兴趣，让测绘学子爱上编程。

§9-3　以赛促练，提升学生实践能力
——黄河水利职业技术学院参赛经验

自 2012 年以来，黄河水利职业技术学院连续 7 年参加了教育部全国职业院校职业技能大赛测绘赛项的比赛，除了 1 项获得二等奖外，其余全部为一等奖，在该项目比赛中全国获奖排名第一，如表 9-2 所示。2018 年 11 月被人力资源和社会保障部授予"国家技能人才培育突出贡献单位"。这些成绩的取得离不开各级领导的指导与帮助，离不开团队的相互支持与辛苦付出。在这里将我校指导技能大赛的一些经验与大家做一个交流。

表 9-2　2012—2018 年全国职业院校技能大赛测绘赛项获奖统计

年份、届次	竞赛项目	国赛获奖	备注
2012 年 第一届	二等水准测量	一等奖	本届设总成绩奖和三个单项奖
	1:500 数字测图	一等奖	
	计算器编程	一等奖	
	总成绩	一等奖	
2013 年 第二届	一级导线测量	一等奖	只设三个单项奖
	二等水准测量	一等奖	
	1:500 数字测图	一等奖	
2014 年 第三届	1:500 数字测图	一等奖	只设三个单项奖
	施工放样	一等奖	
	二等水准测量	二等奖	
2015 年 第四届	1:500 数字测图	一等奖	只设三个单项奖
	一级导线测量	一等奖	
	二等水准测量	一等奖	
2016 年 第五届	1:500 数字测图	一等奖	只设三个单项奖
	一级导线测量	一等奖	
	二等水准测量	一等奖	
2017 年 第六届	二等水准测量	一等奖	只设总成绩奖
	1:500 数字测图		
2018 年 第七届	二等水准测量	一等奖	只设总成绩奖
	1:500 数字测图		

一、领导重视、尽全校之力支持参赛

学院领导非常重视全国职业院校技能大赛，把它列为每年的重点工作，始终坚持把技能大赛作为加强师资队伍建设和深化教学改革、创新人才培养模式、提升教学质量的重要抓手。从

指导教师确定、参赛选手选拔,到参赛训练的全过程,领导都全程关注和指导,训练期间定期现场观摩和鼓励学生训练,专门设置比赛专用教室、购买比赛设备,高规格配置训练设备、购置劳保用品等为比赛提供后勤保障。同时,制定了一系列奖励、激励措施,提高指导教师和参赛选手的积极性。取得优异成绩,对于指导教师,除了给予经济奖励之外,还在"评优评先"和评定职称中给予相应的优惠政策;对于参赛选手,除给予经济奖励外,还在"评优评先"、专升本及就业等方面有政策上的倾斜。这些措施极大地鼓舞了指导教师和学生,给比赛的顺利实施提供了有力的支持和保障。

二、以赛促练,改革创新人才培养模式

测绘工程学院以培养学生职业能力、职业素质和可持续发展能力为基本点,以技能大赛为契机,开展以"专业全覆盖、师生全参与、人人有出彩机会"为主题的技能竞赛月活动,以赛促学,以赛促改,以赛促练,改革创新人才培养模式。与中国电建市政建设集团有限公司开展学徒制试点教学,积极推行"两轮顶岗,五化教学"的工学结合人才培养模式。"两轮顶岗"即学习—顶岗、再学习—再顶岗,主要突出"岗位职业能力"培养;"五化教学"即课程教学项目化、实践教学任务化、技能训练标准化、实训项目生产化、顶岗实习岗位化,主要突出系统的基础知识和动手能力培养。每个专业的职业核心能力通过"知识+技能"的方式开展考核与认证,并引入国家职业核心能力测评标准,对通过考核者,在精湛技能证书中进行精湛或合格登记,对于考核不合格者可以申请重新认证,直至合格为止,否则不予毕业。

三、精心遴选指导教师和参赛选手

学院在选拔指导教师时一般选择责任心强、乐于奉献、踏实肯干、经验丰富、专业水平高的教师担任指导教师,选拔形式上可以由教师报名组队进行竞赛,也可以指定指导教师,兼顾以老带新。

赛场上比赛选手是主体,选手的选拔是比赛的一个重要环节,也是比赛获胜的关键所在。因此一个优秀的比赛选手不仅要学习成绩好、动手能力强,而且要积极主动,不怕吃苦,头脑灵活,心理素质高。具体选拔上,以学院组织开展的技能大赛月活动为载体,赛项设置中突出专业核心技能和专业特色,同时把企业相关岗位要求和行业标准作为评价的重要依据。通过任课教师组织班级技能大赛,选拔出一组选手经过1~2周的指导训练再参加专业或年级的比赛,最后再组织校级技能大赛进行选拔,通过层层筛选选出4~8名选手进行集中训练,在临近省赛2周左右时根据学生训练考核情况确定最终参赛选手。为了争取参加省内选拔赛乃至全国竞赛,学生们加班加点,周末、节假日不休息,刻苦训练,努力实践,进行了大量的艰苦训练。实践证明:正是通过这样的赛前准备,极大地调动了学生努力实践、勇于实践的积极性,培养了学生努力实践的热情。同时也提升了教师的教学能力和学生的技能水平,也营造出了技能大赛的良好氛围,提升了学生学习和参与比赛的积极性。

四、赛前训练充分准备、注重细节

指导教师首先要认真研究竞赛规程,熟悉比赛规则,掌握操作要领及扣分细则,然后结合选手的情况制订详细的训练计划,统筹合理安排训练时间,由于是团体赛,只设团体总成绩奖,训练中要兼顾各个比赛项目,不能顾此失彼,得不偿失。参赛队员选定后要进行集中强化训

练,以保证训练时间和强度;训练过程中指导教师不一定全程跟踪选手的训练,每天给选手布置训练内容,关键是每天检查选手们的训练成果,发现问题及时点评,引导学生按照比赛要求进行训练,要求学生把每天的训练当作比赛,要求每天的竞赛都要有进步,指导教师每隔几天进行一次考核评价,发现问题及时纠正和解决。国赛从选拔、备赛到比赛结束,每届都需要指导教师和选手付出极其艰辛的努力,为保证比赛的可持续性,每届训练都会安排上届选手辅助教师指导学生训练。

细节决定成败,来自全国各地的高手同台竞技,速度都不相上下,关键看谁能在细节和质量上取胜。因此,在平时训练时不要过于追求速度,首先要保证质量,注重细节、抓好基本功,特别在规范操作、规范记录上狠下功夫。另外训练内容要全面,要注重学生理解和学以致用,不能死搬硬套。如2014年国赛缓和曲线放样项目中,有个别参赛队平时只按照规程样例练习转向角左偏时的计算,到比赛时抽签抽到转向角为右偏角就不会计算了。

五、要训练学生的技能,也要针对性地训练学生的心理素质

心理素质的好坏对技能大赛的成绩影响至关重要,每一届比赛中都会有选手因过于紧张而发挥失常的情况,因此,在平时的训练中要有针对性的加强心理素质方面的训练和辅导。首先,指导教师要经常性地与学生进行沟通,了解选手生活及训练过程中出现的问题并积极给予协调处理;给学生施加压力要适当,一味施压就可能使选手产生厌烦情绪,影响训练;训练过程中也不要安排过大的劳动强度,注意劳逸结合,适当安排室内训练,例如,在室内训练计算能力;定期组织院领导和专业教师进行模拟比赛现场观摩;故意安排干扰训练,安排选手和上一届国赛队员进行竞赛,寻找差距;训练中注意配合、团结协作、相互鼓励、相互提醒。通过这些措施来提高学生的心理素质和应变能力。

六、赛后总结经验,为下次参赛打下良好基础

比赛结束以后不论成绩如何,都要组织指导教师及参赛选手召开一次赛后总结会,每人汇报本次比赛中出现的问题及体会收获,针对问题大家分析解决办法,讨论并学习兄弟院校好的做法。通过多方总结,寻找问题和不足,才能不断进步和提高,同时也为下次参赛打下良好的基础。

全国职业院校技能大赛作为一项全国性职业教育学生竞赛活动,对各高职院校深化教学改革、提升教学质量和办学水平起到了有效的促进作用。我们要以大赛为契机,进一步加强交流和学习,真正把在技能竞赛训练中形成的一些成熟的做法推广应用到课程教学中,使少数人的精英式教育转化为大众化的精英式教育,为我们测绘地理信息行业培养更多的高技能人才。

§9-4 注重积累,促进改革,全面提升学生实践能力
——北京工业职业技术学院竞赛经验

北京工业职业技术学院工程测量技术专业是国家级示范专业,现有专职教师19人,其中教授6人、副教授7人,双师素质100%,教师获得北京市高创计划教学名师等多项荣誉;专业实训基地配备了航测无人机等高端设备,在新技术应用和创新服务方面形成特色;主持建设了国家级教学资源库,入选现代学徒制试点项目,开展了"一带一路"国家人才培养基地建设,精

品化、国际化发展走在前列;获得职业教育国家级教学成果奖二等奖2项,北京市职业教育教学成果特等奖1项;获得全国职业技能大赛一等奖11项,教师信息化大赛一等奖5项;获得人力资源和社会保障部"技能人才培育突出贡献奖单位"荣誉。

北京工业职业技术学院从2012年起,连续7年参加全国职业院校职业技能大赛测绘赛项,取得了优异成绩,如表9-3所示。取得好成绩得益于学校领导的重视、指导教师水平高、竞赛经验丰富,以及学生愿意吃苦。

表9-3 2012—2018年全国职业院校技能大赛测绘赛项获奖统计

年份、届次	竞赛项目	国赛获奖	备注
2012年 第一届	总成绩	一等奖	赛项设三个单项奖和总成绩奖
	二等水准测量	一等奖	
	1:500数字测图	一等奖	
	计算器编程	一等奖	
2013年 第二届	一级导线测量	一等奖	赛项只设三个单项奖不设总成绩奖
	二等水准测量	三等奖	
	1:500数字测图	一等奖	
2014年 第三届	1:500数字测图	一等奖	赛项只设三个单项奖不设总成绩奖
	施工放样	二等奖	
	二等水准测量	三等奖	
2015年 第四届	1:500数字测图	一等奖	赛项只设三个单项奖不设总成绩奖
	一级导线测量	二等奖	
	二等水准测量	三等奖	
2016年 第五届	1:500数字测图	一等奖	赛项只设三个单项奖不设总成绩奖
	一级导线测量	一等奖	
	二等水准测量	三等奖	
2017年 第六届	二等水准测量	一等奖	赛项不设单项奖,只设总成绩奖
	1:500数字测图		
2018年 第七届	测量程序设计	二等奖	赛项不设单项奖,只设总成绩奖
	二等水准测量		

一、注重积累,夯实基础

十年磨一剑,教学团队充分借助学生技能大赛这个有效的载体,以赛促教、以赛促学、以赛促练、以赛促改,聚焦学生成长,通过开展以职业标准、职业素质要求为评判原则的职业技能大赛活动引领专业教学改革,激发学生进行技能训练的热情与主动性,全面检验实训效果,带动实训质量提高。要求每位专任教师至少有一次参加北京市或者全国信息化教学比赛的经历,每一位工程测量专业学生至少有一次参加校内、北京市或者全国技能大赛经历,并提出竞赛激励机制。将学生参加技能大赛作为检验教学质量和人才培养水平的指标之一。通过学校、北京市和全国三级赛事,让工程测量专业每位学生都至少有一次参加技能比赛的机会。

二、创新机制,寓教于赛

(1)技能竞赛与日常实训考核相结合。把体现职业要求的技能大赛标准引入专业实训考核,在实训过程中开展竞赛活动,用竞赛机制提高学生的训练积极性,促进技能训练水平提高,提高学生完成岗位任务的信心。

（2）技能竞赛与职业资格鉴定相结合。在开展校内技能大赛过程中,与行业管理部门达成共识,根据学生报考职业资格证书的情况,在赛项设计时兼顾职业资格鉴定要求,由鉴定人员参与大赛的评判,根据大赛成绩确定学生是否通过技能鉴定。

（3）职业基本功与创新性结合。在校内技能大赛设计时,除了设置北京市和全国大赛要求的体现职业基本功比赛内容外,还设置能够体现学生的个性化和创新能力的项目,既培养学生扎实的职业基本功和规范作业的能力,又强化了学生在新技术应用与创新方面的"一招鲜"。

三、分段办赛,搭建平台

工程测量技术专业每学期举办一次技能大赛。预赛阶段在每个班级中开展,在不同年级组设置不同的比赛项目,让所有学生都能够通过比赛展示自己,吸引了学生们的广泛参与,在广大学生中掀起技能训练与竞赛活动的热潮。根据预赛阶段的表现,各班级选拔代表队参加决赛阶段的比赛。在学院领导及相关部门帮助和指导下学生还自发组织了测量协会,可以协助教师进行技能大赛的组织宣传等方面的工作。

为了提高学生的训练效果,调动教师投入更多的经历指导学生的技能训练,各小组邀请一位专业教师作为指导教师,负责制订训练计划、协调训练的设备、进行全面的训练指导,教研室又为每个训练项目指派指导教师,负责指导全体学生各个项目的重点训练。

四、企业参与,对接岗位

聘请行业企业专家参加了大赛项目设计、竞赛规程与评判标准的制订,并参与竞赛的评判工作。在大赛过程中全面体现职业要求,执行行业标准和规范,对提升学生的技能训练水平起到良好的引领作用。多家企业主动为工程测量技术专业的技能竞赛活动提供赞助,设立奖学金。

几年来,我院代表队在数字测图项目上取得了优异成绩,得益于把技能训练和企业生产实践相结合,使学生的数字测图技能水平在实践中得到检验和提高。在每年11月举办校内技能大赛,为下一年度市赛、国赛选拔参赛队员。在人选初步确定后,指导教师在校内训练的基础上,要安排一定时间,带领这些队员参加企业的测图项目,让队员更深刻地掌握职业要求和标准。同时,也利用完成实际工程项目的机会,接受企业技术人员指导,提高作业水平。